未来畅想

未来的海洋开发

跨越海岸线

郑军 著

山西出版传媒集团 山西教育出版社

图书在版编目（CIP）数据

未来的海洋开发：跨越海岸线 / 郑军著. — 太原：山西教育出版社，2022.5
（“未来畅想”系列）
ISBN 978-7-5703-1894-0

Ⅰ. ①未… Ⅱ. ①郑… Ⅲ. ①海洋开发—普及读物
Ⅳ. ①P74-49

中国版本图书馆 CIP 数据核字（2021）第 205216 号

未来的海洋开发：跨越海岸线
WEILAI DE HAIYANG KAIFA KUAYUE HAIANXIAN

选题策划 彭琼梅
责任编辑 韩德平
复　　审 裴　斐
终　　审 彭琼梅
装帧设计 康　琳
印装监制 蔡　洁

出版发行 山西出版传媒集团·山西教育出版社
（太原市水西门街馒头巷 7 号　电话：0351-4729801　邮编：030002）
印　　装 山西新华印业有限公司
开　　本 700×1000　1/16
印　　张 11.5
字　　数 165 千字
版　　次 2022 年 5 月第 1 版　2022 年 5 月第 1 次印刷
印　　数 1—3 000 册
书　　号 ISBN 978-7-5703-1894-0
定　　价 34.00 元

·目　录·

引言

海洋，我们的未来

21世纪是谁的世纪？美国的？中国的？还是印度的？

1990年，当人们还热衷于在陆地上为这个问题寻找答案时，第45届联合国大会已经做出决议，大会敦促各国将海洋开发列入国家发展战略之中。2001年联合国缔约国文件中更是指明——21世纪是海洋世纪！开发海洋资源，在大洋上拓展生存，将是全人类的重要目标。

陆地上的资源主要掌握在主权国家手里，并且分布极不均衡。一些重要资源位于热点地区，受战争威胁较大。而公海及其底部的资源不受任何国家管辖，且总量远高于陆地，至少在一个世纪内，无须担心发生资源冲突。

“向海则兴，背海则衰”，海洋开发甚至能改变资源版图。现在一提到日本，大家都认为是个资源小国。其实，日本只是陆地资源贫乏。由《联合国海洋法公约》确认的日本领海比领土还大。一旦日本的技术水平能够开发上述资源，会立刻翻身成为资源大国。

然而，海洋和中国究竟有多大关系？

1978年，中国海洋经济只占国民经济的0.7%，涉海就业人口只有165万。可是，到了2014年，中国海洋经济产值已居世界第一，达到59 936亿元，接近1万亿美元。同年，欧盟海洋经济总产值是5 500亿欧元，美国是3 520亿美元。到2019年，这个数字攀升到8.9万亿元，相当于1998年中国的GDP。预计到2022年，中国海洋经济总产值将突破10万亿元。再看看中国海洋经济的细节，中国海产捕捞总产量早就是世界第一，目前又是全球头号水产养殖国家。2018年，中国就制造出世界40%的船舶。同年，中国占有全球海洋工程市场的45%，世界很多港口都在使用中国设备。作为一个传统农业大国，中国目前已经有涉海就业人员3 000余万，其中有100余万名海员，占全球海员的近50%。

在中国，沿海省份以13%的陆地面积，容纳了超40%的国民，更创造出超60%的GDP。中国已经是典型的海洋国家。1996年，中国就制定出《中国海洋21世纪议程》，为海洋开发制定了远景规划。海上丝绸之路更是中国进入深海大洋的宣言。

如果你现在还是一名中学生，如果中国海洋经济以这种速度发展下去，你会在40岁到50岁之间，看到其超过“十四五”开局之年的全国总产值，并且海洋经济成为高科技与高资本的结合地，近亿国人会以海洋为生。

希望其中能有你们的身影。

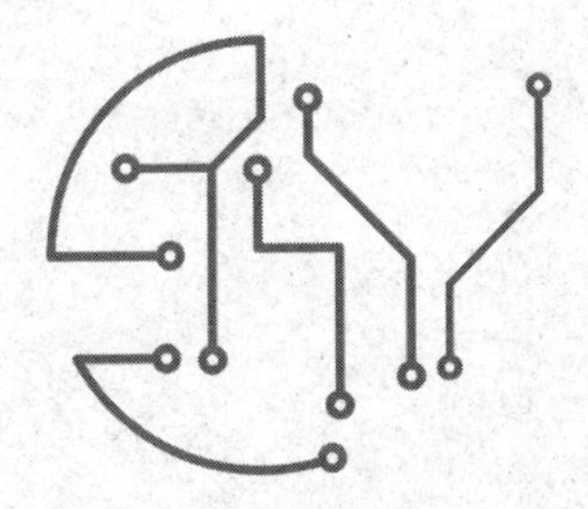

第一章 向海而生

打开世界地图你会发现，虽然古老文明都发源于内陆，但今天大部分世界级都市都在海边，或者通过河流与海洋相连。城市越靠海越富裕，已经成为普遍现象。

人类花了几千年时间使文明缓慢地向海岸线延伸，我们正处在这个伟大历史进程之中。这个趋海而居的过程从何而来，又会发展到何方?

01 海边的文明

有研究表明，现代人的祖先诞生于东非草原，那里是一个典型的内陆地带。7.5万年前，干旱驱使他们走出非洲。在这个过程中，由于海洋食物来源相对丰富，古人类很早就学着到海边觅食。

古人类要走出非洲，红海是咽喉要道，考古学家在这里找到了大量古人类食用过的贝类的化石。相对于移动迅速的陆地野兽，贝类更容易被捕捉。位于北京的山顶洞人遗址中有鱼骨化石，那里距海边有上百千米远。

海边地势平坦，移动方便，也是吸引古人类的重要原因。1.5万年前，海平面比现在约低120米。古人类沿着当时的各处地峡迁移到日本、澳大利亚、南太平洋诸岛以及中国的台湾。后来由于海水上涨，这些地方才与大陆分隔开。

在古人类进入美洲的过程中，海洋也起了重要作用。最近考古成果表明，他们沿着海岸线越过白令海峡，当时那里还连成一片。

古时候，海运规模还无法与内河运输相比。文明古国都诞生于内陆的河边，内河运输是人们进行陆上扩张的重要保障。

地中海以其特殊条件孕育出最早的海洋文明。论面积，地中海还没有南海大，但由于是陆间海，气候条件类似于中国的渤海，多数时间风平浪静，适于航行。

以当时的船舶技术，人类还只能沿着海岸线行驶。不过，地中海沿岸农业区星罗棋布，便有人在它们之间穿针引线，靠海洋贸易起家。4 000年前，相当于今天黎巴嫩和叙利亚的地方出现了腓尼基文明，成为人类最早的海洋文明。

腓尼基人主要通过海洋向外扩张，为此，他们就要发展造船技术，还要掌握简单的天文导航知识。这些促进了整个地中海地区航海技术的提升。横穿爱琴海，连接几个经济中心，当时只需要两三天时间，而从陆上绕道则要久得多。

于是，在地中海这个局部区域，海运取得了对陆运的绝对优势，大家也愿意为此发展船舶技术。最终，爱琴海周边出现了希腊文明，成为现代欧洲文明的基石。

希腊土地普遍不宜农耕，只出产橄榄、无花果等经济作物。相对于内陆农业区，希腊人更需要海运贸易。船员在海上每天移动的路程，远远大于陆地上的农夫。经常与他乡异土打交道，让希腊人养成了放眼天下的胸怀。同时，搞海运需要系统地了解天文地理、各方物产等，还需要强大的数学计算能力，这些实际需求促使希腊人发展出领先世界的科学技术。

必须指出的是，希腊文明在今天之所以有着重要的历史地位，很大程度在于整个欧洲人都是他们在文化上的后裔，而欧洲人又于近代控制了全球，顺便将其文化祖先的事迹广泛传播出去。

其实，无论人口还是经济总量，两千年前这些沿海国家都无法与同时代的陆上帝国相比，只不过除了希波战争（公元前5世纪上半叶希腊诸城邦反抗被波斯侵略和压迫的战争），双方很少发生直接碰撞。

02 “通舟楫、兴渔盐”

战国七雄谁最富?

这个问题不要与“谁的国力最强”相混淆。以综合实力而论，秦、楚两国肯定最强。但即便在战国时代，人们也普遍认为最富的要数齐国，也就是今天的胶东半岛——中国最早的海洋文明社区。

早在4 000年前，山东沿海就有人煮盐。周朝开国后，当地成为姜子牙的封地，国号为齐，疆域不大，土地开发程度有限。于是，齐国很早就提出“通商工之业，便鱼盐之利”的主张，这和希腊异曲同工。

齐国有发达的渔业和盐业，也很早就实施了有关“煮盐”和“捕鱼”的制度，以刺激和调节这些行业。

齐国船只可以远达朝鲜和日本，从而将当地的丝绸和陶瓷远销海外。齐景公有一次出海，六个月才回来，船只的续航补给能力堪称惊人。齐桓公时期，齐国就开辟了“东方海上丝绸之路”。齐国还训练水军，重视海战，形成了不同于中原的战争思想。

由于体量不足，齐国无法与秦国较量，选择不战而降。但就人均财富而言，齐国却是战国七雄中的首富。

三国时期的吴国成为海洋事业的“继承人”。吴国很难在陆地上与魏国抗衡，便寻求往海上发展。东吴在鼎盛时期有50多条各类船只，时人称东吴“舟楫为舆马”，与同时期的罗马舰队相比，恐怕也不相上下。

东吴将中国的航海中心从山东半岛转移到浙江、福建和广东。依靠发达的航海技术，他们组织过几次万人出海远征。台湾就是在这时首次进入中原文明版图的。248年，3万吴军进入海南岛，他们还试图远征吕宋岛，可惜未成功。朱应和康泰的船队则从海路到达如今柬埔寨等处。

据宋朝《太平御览》记载，东吴时期已经有人驾船到达“大秦”，也就是罗马。这是首次有国人从海路抵达罗马的记载。

不久，东晋成为东吴的海上“继承人”。他们同样难以从陆地上向北方扩张，而选择发展海洋经济。东晋高僧法显从长安出发，经西域从陆地到达天竺，求法后再经印度洋从海路回国。这显示着在当时的印度洋上，已经有通达东晋的传统航线。

东晋时期，人们第一次将“水密隔舱”形成定制，发展出安全性能更好的船只。东晋时期还发明了拥有四张帆的船，可以根据风向调整帆面，称为“调风”。当时，作为导航技术的“过洋牵星术”也已经成熟。除了航海，东晋还大力发展海盐，浙江省海盐县就是在东晋时期成为盐业中心的。

单从技术上衡量，齐国、吴国和东晋的航海技术并不亚于地中海那些小国。然而，地中海沿岸都比较富裕，航海贸易有利可图。而从齐国到东晋，海军所到之处往往是原始蛮荒之地，不但无利可图，反而需要国内补给。

以规模来衡量，中国当时的陆地部分无论经济体量还是军事体量，都远超海洋部分。这些越海扩展的事业之所以很少见于经传，就在于海洋只是中国古代文明的附属品。

03 最早的海洋大国

小时候读《水浒传》，笔者特别好奇混江龙李俊的下落。这位梁山水军总司令看穿朝廷阴谋，带着童威、童猛和费保扬帆出海，居然在南洋成为国王。

当时笔者好奇的是，怎么他们几个人出海后就能称王称霸？那些地方难道没有军队？后来笔者才知道，以宋朝的海上实力，一批人组团下南洋，确实能取得这种结果。

在中国人眼里，最早的海洋帝国不是英国就是西班牙。然而西方不少学者认为，宋朝才当得起这个称号。历史上东西方文明真正开始有直接沟通，是依靠宋朝的海洋贸易。

虽然在秦朝大一统之前齐国就重视海洋，中原分裂时吴国也有海洋经济，但是在大一统王朝中，宋朝第一个倚重海洋经济。“一带一路”中的“一路”，即“海上丝绸之路”，主要是宋代的文明遗产。

与明清两代搞“朝贡外交”不同，宋朝真正把海外贸易当成国家支柱。当时，宋朝为海外商人提供了以泉州、广州为代表的很多贸易港口，甚至给外国商人委以官职，请他们到海外招商。

通过收取市舶税，政府获得大量收入。比例最高的南宋时期，市舶税占国家总收入的五分之一！按海洋经济的概念换算，今天的中国还远未达到这个比例。

当时的宋朝就是“世界工场”，尤其瓷器制造技术，相当于今天的芯片技术，完全具有垄断性。沿海地区很多瓷器工厂，如福建德化窑、建窑和浙江龙泉窑，当年都大量接受海外订单，烧制异国图案的瓷器，再通过海船出境。在“南海一号”等遗物中，发现有大量的海外订制瓷器，这是典型的海洋经济模式。

当时，阿拉伯和印度商人通过印度洋来到宋朝，除了贸易，他们还留下了海图以及沿途各地水文资料。明朝初期，郑和下西洋所依据的航海资料基本来自宋朝的积累。中国造船技术积累到宋朝，本身已经很发达了，宋人又从阿拉伯人那里学到了“龙骨”技术，最终才有郑和船队的辉煌。

“李俊称王”当然是艺术虚构，但是在历史上，华人在南洋确实建立过国家。1777年，以华人为主体在西加里曼丹建立的“兰芳大统制”（华侨罗芳伯所建立的一个生产和自卫组织，西人称之为“兰芳共和国”），最大时管辖范围达十几万平方千米，接近如今辽宁省的面积，并且在历史上延续了108年。这是传统社会末期，中国海洋实力的真实写照。

在《水浒传》的各种同人小说里，《水浒后传》公认成就最高，它描写了李俊等人海外称王的经历。这本书出版于明末清初，不仅记录着宋代的海洋实力，也和更晚成书的《镜花缘》一起，抒发了中华民族拓展海洋的梦想。这个梦想长期被陆地文化所掩盖，但它从来都存在，未来还将蔚然成风。

04 大航海时代

西罗马帝国灭亡后，欧洲陷入“黑暗中世纪”长达近千年，全境分裂成几百个小国，互相征伐，生产力遭到极大破坏。

积贫积弱的欧洲人努力学习其他先进技术，特别是航海与造船技术，比如中国的指南针和阿拉伯的三角帆。通过消化吸收，他们形成领先的远洋航行能力。依靠这些技术和冒险精神，欧洲人开启了大航海时代。在人类历史上，首次有国家依靠海洋改变了命运。

大航海时代开始于欧洲的边缘国家西班牙和葡萄牙，与吴国和东晋相似，两国在陆地上也很难扩张，只能从海上谋求改变。葡萄牙的恩里克王子不断向南航行，探索非洲腹地。他还设置专门的航海学校，把航海从一种粗浅的经验性活动，变成一门系统的学问。

西班牙则派出意大利人哥伦布向西航行，最终发现了美洲大陆。1510年，欧洲人翻越中美洲，抵达太平洋岸边，麦哲伦更于9年后开始环球探险。于是，欧洲人最早形成了全球视野。如今“四洋七洲”的全球划分，都是他们在那个时代留下的。

接着，荷兰人、英国人和法国人开始深耕细作，他们控制北美洲，发现澳大利亚和新西兰，最终于1839年抵达南极大陆。另外一些欧洲人则调头向北，探索北极圈，发现了新地岛。到了明末清初，欧洲传教士给中国皇帝进献的世界地图上，已经绘制出90%的陆地与海洋。

虽然人类早在10 000年前就通过陆路散布到全球，但那是经历无数代人的积累，每代人都生活在一片狭小的地方，并没有全球视野。

只有通过航海，才能在一代人之内掌握地球表面的概况。麦哲伦船队用两年半的时间完成全球航行，如果走当时的陆路，恐怕毕生都不能完成。

离开相对安全的海岸线，进入深海大洋，在当时接近于被判了死刑缓期执行。大航海时代早期，人类还不能测量经度，包括哥伦布在内，航海者经常不知道自己漂到了哪里。当时，食物储存能力低下，缺乏补给，吃不到生鲜食品，败血症在远洋船上流行。大洋上又缺医少药，很多普通疾病都能带来死亡。

当时的水手进入大洋，经常在一次航程中产生百分之几的死亡率。几次有重大地理发现的航行，船员的死亡率均达到百分之几十，麦哲伦船队更有超过90%的船员魂归大海。“巴伦支海”“白令海峡”等地名，都是用来纪念在当地遇难的探险家的。

单纯看规模，这些航海都不能与“郑和下西洋”相比，但是后者并不能归入大航海时代。因为郑和是依靠海图，将已知地区作为航海目标，而大航海时代的本质是去探索未知领域、绘制新海图，所以它还有另外一个名字，叫作地理大发现。

大航海时代最大的贡献就是正确的地球观。西方人最早了解地球概况，明确了今后拓展的目标。当时，任何陆上帝国都没有这种视野。

当年的航海者并非科学家，地理发现服从于土地占领。也正是从大航海时代开始，海上帝国逐渐征服了陆上帝国，左右了人类的命运。

05　海权威武

地理大发现彻底改变了世界格局，海权压倒陆权，成为世界霸权的基础。然而这是后话，并非大航海运动的初衷。

翻开《鲁滨孙漂流记》等这些描写大航海时代的小说就会发现，主人公的出海动机不是开辟殖民地，而是去东方做生意。当年，他们把中国、印度和日本这些东方国家看成是黄金宝地，如何从中亚伊斯兰势力阻碍下找到新航线，与东方通航，才是他们的目标。哥伦布就是这样歪打正着发现了新大陆，甚至在他去世前，都坚称自己到的是印度。

直到18世纪，世界上最强大的帝国是清朝、印度莫卧儿王朝和奥斯曼帝国。它们都是由游牧部落创立，然后通过陆上扩张，最终拥有几百上千万平方千米土地以及过亿人口。西方人虽然能航海，但只能对付技术水平更差的印第安人、非洲人或者东南亚人。

这种格局完全决定于船舶技术本身。人类虽然很早就会造船，但数千年间只能沿着海岸线航行，不敢进入深海大洋，这使得航海技术成为陆地经济的附属品。奠定西方文明的地中海，总面积还不如南海，只能算是巨型内湖。

早期船只的运载量也不足。在漫长的中世纪，海洋贸易以香料和瓷器这些奢侈品为主，赚钱是赚钱，但运载量非常小。如果要开疆拓土，就需要运载大量的军火和粮食。直到18世纪，海运在大宗商品方面仍无法与陆运相比。

当然，陆上帝国并非不重视船舶，但他们以运河为主。通过开挖运河，连接国土上不同的经济圈。

海权最终压倒陆权，发生在工业革命之后。以著名的东印度公司为例，无论荷兰版本还是英国版本，最初都是名副其实的商业公司。来到东方，只能向当地王朝租港口，老老实实交税。这些上亿人口的王朝，如果被激怒，可以轻松地把他们赶下海。

等到1857年印度民族大起义时，英国从本土运兵，只用一年时间就完成镇压。更早发生的鸦片战争，则是历史上海洋帝国首次击败陆上帝国。不到两年的时间，英军凭借风帆和蒸汽机兼备的混合动力舰，在中国海岸线到处攻击，而清军只能在陆上缓慢移动，被动挨打。

中国人曾经花2 000多年时间修筑长城，以绝边患。从1840年开始，中国所有有威胁的入侵都来自海洋。抗日战争时期的淞沪会战，日军更是凭借在杭州湾登陆扭转了战局。直到那时，日本这个发达国家凭借海上运输能力压倒了中国。19世纪末20世纪初，美国人马汉明确提出海权理论，标志着海权的最终确立。

进入20世纪，两次世界大战都由在海上占优势的一方获胜，尤其是美国，凭借强大的海军和海上物资运输能力，将数百万美军派往国外，为第二次世界大战的胜利提供了保障。

第二次世界大战后，即使是苏联这种传统陆上强权，都建立起庞大的海军，海权意识已经深入人心。这些经验教训都促使中国由陆向海，重塑发展方向。

06　趋海大移动

人类在东非草原上诞生，在小亚细亚学会刀耕火种，在几条大河边开启四大文明古国。它们有个共同特征，就是不在海边。

然而，自从西班牙崛起后，海权逐渐取代陆权，各国住在海边的人率先受到影响，形成更高的生产率。由于经济吸引力，先是企业，后是一般人口，陆续从内陆迁移到海边，这个规律叫作趋海移动，是过去几百年人口迁移的主线。

1840年以后，中国也开始了强烈的趋海移动，上海和香港发展为世界大都市。1978年以后，中国在沿海地区先后成立了5个经济特区、4个沿海经济开发区和14个沿海开放城市。后来，大大小小的沿海城市相继宣布自己的经济区。内陆人口获得迁移的可能后，形成“孔雀东南飞”的现象，纷纷走向海边。几十年下来，出现了以深圳为代表的大批海滨新都市，沿海省份人口增加率几乎是全国平均水平的两倍。

如今，世界经济已经以滨海区域为核心，核心区域人口总量也超过了内陆，只不过由于技术发展出现瓶颈，这个趋海移动暂时到海岸线为止。

人类之所以发生趋海移动，前提是海洋资源更丰富。随着技术水平的提高，海洋资源的利用也更容易。以中国为例，西北地区约占中国陆地总面积的三分之一，却只能供养1亿人口，人口总量大体与广东省相当，论人均收入，无法与沿海地区相比。

即使从生态角度讲，内地人口向海边迁移，也会减少对环境的压力，很多植被稀少、物产贫瘠的内陆地区将成为自然保护区。

人不是海洋生物，必须靠技术才能利用海洋资源。所以，趋海移动的主要动力是技术进步。现在，由于某些技术瓶颈，人类趋海移动停止在海岸线上。越来越多的内陆人拥到海边，但资源跟不上，反而造成不少问题。最突出的就是在东京、上海、香港等这些特大城市，由于人口高度集中，导致区域内居民实际生活水平下降。

据2019年春运统计，沿海客运量几十年间第一次下降，显示了趋海移动在某种程度上暂缓。

然而，人类之所以停止在海岸线上，主要是因为技术升级缓慢，导致海洋上缺乏新的经济增长点。随着技术的突破，人类可能会更深地嵌入海洋，甚至会有相当多的人生活在海洋上，从科研到工业，从经济到生活，最终出现大型海洋社区。71%的地球表面承载着未来人类的发展。跨越海岸线，深入蓝色地球，在太空时代开启前，先进入海洋时代，这是今后几代人的使命。

07 也曾跨洲越洋

中国近代史上曾经有三次著名的人口大迁移，其中“闯关东”和“走西口”是从陆地到陆地，“下南洋”则要跨越海岸线，把自己投入到惊涛骇浪中，很可能一去不复返。也正是“下南洋”这次人口迁移，创造了华人的海外社区。

“下南洋”始于宋代，成于现代，其间经历了技术水平从领先到落后的衰退过程。最初，南洋诸岛还处于原始社会末期，西方尚未染指，中原王朝对其拥有绝对的技术优势。当时“下南洋”多为经商和出官差。

世人都知郑和下西洋，其实最早由明朝派出的官差叫黄森屏。他在朱元璋时期率领船队到南洋展示国威，于加里曼丹岛遇到海难。黄森屏干脆自行建国，又吞并了附近的渤泥国。后来，他以渤泥国国王身份朝见朱棣，接受册封。这个渤泥国就是今天的文莱。

郑和下西洋时，南洋还处于部落时代，记载中的“国家”只是部落联盟。下西洋的船队中很多人留下来定居，与当地人通婚，形成“峇峇—娘惹”文化圈。电视剧《小娘惹》就向观众展示了这种独特的海洋文化。

“下南洋”初期，中国人和欧洲人在南洋诸岛的势力不相上下，还建立过几个政治实体，实力最强的是兰芳大统制。可惜在明清两代，“下南洋”被视为“自弃王化”，受到中原王朝的鄙视，更谈不上鼎力相助了。

进入19世纪，欧洲凭借工业革命优势，彻底控制南洋诸岛，“下南洋”的主体成了应募的华工。当然，从宋代就开始“下南洋”的商人群体虽然人数少，但掌握着经济资源，依靠勤劳和智慧，华人在这些海岛上成为经济主体。

到了清末，南洋相对中国本土已经是富裕地区，大陆沿海居民更是加快了“下南洋”的步伐。孙中山要推翻封建王朝，也以南洋华人为经济后援。改革开放后，来自南洋的华人资本成为内地经济腾飞的重要支柱。

20世纪90年代末，《福布斯》发布的全球富豪榜中华人较少，而且当时大陆市场经济刚起步，本土富豪无人入围，上榜者都在东南亚，并且无一例外都是当地首富。远到南太平洋岛国，华人也掌握着当地经济，只不过这些国家体量极小，缺乏关注。

1980年，第二代华人陈仲民当选巴布亚新几内亚总理，开创了华人在南洋诸岛从政的历史。巴布亚新几内亚是太平洋区域第二大国，其文明是典型的海岛文明。陈仲民在任上推动与中国建交，并多次以总理身份访华。

“下南洋”是华人在大航海时代的主动参与，证明了华人从未缺席这个宏大的历史进程，只是由于陆地文化占绝对优势，它没有在史书上获得应有的位置。

几百年来，凭借勤劳、勇敢等传统美德，华人在海洋里创建了广阔天地。今后，我们还会借助逐步提升的科技水平，在大洋深处开创更宏伟的事业。

08 陆地经济的困境

日本经济泡沫破裂发生在1989年年底，当时，这一事件给中国人带来的震动是今天年轻读者难以想象的。那时候日本经济蒸蒸日上，人口不到美国的一半经济却达到美国的70%。东京的地价超过了美国全国地价的总和。

当时，普通中国人刚开始购买冰箱、彩电和洗衣机。日本电器横扫中国市场，成为国人追逐的对象。那时没人会料到日本经济会就此崩溃，并长达30年毫无起色。

同样，2008年也没人能预料到美国的经济会崩溃。虽然股市很快恢复，但是后遗症却持续至今。美国靠不断减税、放债来维持现金链，因为其经济体量比日本大得多，勉强撑到了现在，国内各种危机也积累到接近爆发的程度。

当年的美国和日本分列全球经济前两位，它们的教训值得所有国家借鉴，这就是陆地资源逐渐承担不起经济高速发展引擎的作用。

日本国土狭窄，土地资源本来就不足，早年出海掠夺是现代化过程的重要步骤，但是由于技术限制，海洋只被用来运输货物和士兵等。直到20世纪60年代，日本才开始发展综合海洋经济，至经济泡沫破裂时，海洋不足以支撑日本新的经济扩张。

美国人均土地资源几乎全球无双。1862年，美国颁布宅地法，一个美国人交10美元登记费，就能从西部领160英亩（1英亩约为4 000平方米）土地，折合将近1 000亩（1亩约为667平方米）土地！便宜的土地极大地降低了美国的建设成本。即使这样的陆地优势，到21世纪初，美国仍然在房地产上发生危机。

一片荒地开垦成农田，才开始有价值。一片农田转化成工业用地，价值能提升10倍。一片厂房如果改建成商业街，价值又可以提升10倍，如果再改造成金融街，价格还可以提升10倍。土地价值的一系列提升是经济发展的缩影，其背后是人类开发陆地资源的水平在提升。采矿、冶金、制造、交通等技术都在发展，而它们都以固定不变的土地资源为基础。几百年下来什么都在变，但土地还是那些土地。

从20世纪60年代开始，人们就在讨论“资源危机”。仔细一看，大家基本都在讨论陆地上的资源危机。直到今天，很多危机并没有在陆地上找到解决的办法，只好通过减税和发钱来刺激经济。多发钱并不是问题，只要实业同步发展，就能消化掉这些钱。然而，今天人类的技术体系高度依赖陆地，无论能源、材料还是能开发的土地，都已经很难支持经济像过去两个世纪那样发展。

怎么办？有人提出要进入“低欲望社会”，国民别有太高的物质追求，社会减少对经济发展的预期，大家就停留在目前水平上。有人甚至建议倒退到20世纪90年代的水平，如此一来，我们还要降低生活水平才行。

不过，本书会给你另外的选择——从拥挤的陆地进入宽阔的海洋。无论能源、食物还是空间，海洋都比陆地要强得多。

09 科学走向海洋

2004年12月26日，印度洋突然咆哮起来，高达10余米的海浪冲击沿岸各国，造成22.6万人死亡。这并不是在科技不甚发达的中世纪，而是早就能实现登月的今天。

无独有偶，2011年3月11日，强烈的深海地震引发大海啸，冲击了日本东部，死亡和失踪人口合计超过2万。处于世界科技第一阵营的日本，也没能提前对此做出反应。

这两起海啸都源于深海地震，它们虽是极端案例，但提示我们如果不了解超过地球表面三分之二的海底，就远不能了解整个地球。

“没有海洋地质，便没有地质学。”这是荷兰学者库南的名言。地学是六大基础学科之一，然而长期以来人们关注更多的是地球的陆地部分，其只揭示了地球的一小部分。今天人们了解的海洋知识，也多来自中学地理课，而不是海理课，也就是海洋科学课程。

科学家由陆地向洋海逐渐扩展研究范围，在潜移默化中形成了“以陆观海”的偏见。比如，现在四大洋的划分就是典型的陆地观点，它们的南端一直划到南极大陆。然而，海洋学家在长期研究中发现，如果按照海流情况来划分，围绕南极大陆的海域和太平洋、印度洋、大西洋的主体明显不同。

于是，国际水文地理组织在2000年将它确定为一个独立大洋，名叫“南冰洋”。然而，世界地图至今尚未对此做出修改。

显而易见，探索海底地质的难度远大于陆地勘探。派船出海，特别是去大洋深处，是件花销很大的事。世界各国普遍不缺地质学家，然而要组团出海考察，就只有大国才能办到。

如果想认识整个地球，占地表七成的海底当然要比只占三成的陆地重要。以板块运动为例，这个假说刚提出时，一直找不到源头在哪里，是什么让不同板块互相挤撞，或者互相远离？直到后来，人们才在大洋中央海岭处找到答案，深部熔岩从这里涌出来，形成各大板块中最“年轻”的部分，把“较老”部分朝陆地方向推挤。海里生因，陆上结果，可以说，没有深海勘察的结果，板块运动就一直是个假说。

再以“厄尔尼诺”和“拉尼娜”现象为例，它们会扰动全球气象，导致严重灾难，以至于经常在新闻里出现，连普通人都知道这两个名字。然而，科学家一直搞不清“厄尔尼诺”和“拉尼娜”现象的原因。现在有种假说认为，深海海流将太平洋中央海岭喷发的热量带到南美洲的西海岸，并涌出海面，进而影响大气。由于海岭喷发量时多时少，洋流带出的热量也经常变化，进而导致大气剧烈变化。而要检验这个假说，就必须往中央海岭处派大量的深潜器进行实地考察。

总之，为了读懂整个地球，人类必须研究海洋！

10 从航运载体到资源宝库

今天提到海湾国家，人们第一反应就是石油多，而倒退到100年前，当地最重要的产品却是珍珠。采珠人手握尖刀潜入海底，剖开珠母贝采集珍珠，很多人因此患上了眼疾。

虽然到19世纪末人类已经确认了海权的重要性，但主要还是将海洋作为航道。强国通过大洋航线运兵、运粮、运原料，最终服务于陆地经济。当时除了打鱼和晒盐，人类很少再从海里获得什么。

18世纪60年代，第一次工业革命在四面环海的英国暴发，并且最早出现在纺织业，对烧碱、纯碱和氯产生了强大需求。海盐中能提取这些产品，于是海盐除了作为食用产品，也成为化工原料。到了19世纪30年代，欧洲人开始从海水里提取溴用于医药，进一步促进了海洋化工的发展。近代中国也重复过这段历史。民国时期，范旭东便以海盐为原料，建立起中国首个科研生产联合体。

原始人一边打鱼，一边走向全球，海洋生物是人类最早获得的海洋资源。第一次工业革命后，发达国家把渔船用机器武装起来，将渔业延伸到深海，捕鲸业便曾经红极一时。

今天，中国已经后来居上，成为全球头号渔业大国，不仅生产了全球最多的海产品，还提供了1 800万个就业岗位。作为靠海吃海的国家，中国在海洋开发上还有自己的特长，那就是海水养殖。早在宋代，中国人就开始养殖牡蛎和珍珠，后来则是海带和对虾等经济品种。现在，中国已经是全球头号海水养殖国家。

1897年，美国人在加利福尼亚海岸用木头建成全球第一座海上钻井平台，拉开海洋油气开发的序幕。1967年6月，渤海湾里出现了中国第一口海上油井。笔者年轻时骑车经过当地，总会看到一排排吐着火焰的井架。如今，渤海湾里不时还有发现新油田的报道。

1961年，法国人在朗斯河口建成世界上第一座潮汐发电站。从此，人们不仅从海洋里提取物质资源，还开发海洋能源。1980年5月，中国第一台潮汐电站在浙江省温岭市江厦港并网发电。

1991年，丹麦建成世界上第一座海上风电场，大海成为绿色能源的新阵地，风机成为世界各国海岸线的一道风景。到了2019年，中国成为全球第一大海上风电国家。

1959年，美国科学家梅罗发表了第一篇深海锰结核商业开发的可行性报告。从那以后，全球成立了上百家锰结核开发企业，不过都只能进行实验性开采。这次中国没有落后，福建马尾造船厂建造的世界首艘深海采矿船“鹦鹉螺新纪元号”，已于2018年出坞。

随着工业入海，人员也会入海。趋海移动会伴随海洋资源开发重新加快步伐。冲破海岸线，向海洋伸出触角，这是21世纪人类的重要任务，中国也必将在其中扮演重要的角色。

011 文艺新天地

1980年，一部美国科幻剧在中国中央电视台播放，名叫《大西洋底来的人》。当时，电视机刚进入中国普通家庭，还没有达到一家一台，笔者要和小伙伴挤在邻居家看这部电视剧。后来笔者发现，不少同龄人都有类似的经历，甚至有过几十号人挤在礼堂里，像看电影般从12寸屏幕上看这部美剧。

《大西洋底来的人》拍摄于1977年，在美国并不出名。由于收视率不高，只拍了第一季17集。然而这部剧在中国却引发万人空巷的效果。在电视剧的影响下，年轻人喜欢戴主角的太阳镜，孩子们喜欢玩飞盘游戏，或者模仿主角特殊的“海豚式泳姿”。由于极受欢迎，《大西洋底来的人》被反复播放，还出现了翻译的小说以及国内创作的连环画，发行量达几十万册。

那是一次海洋文化的洗礼。很多孩子都是在这部剧中才知道世界上有个大西洋。虽然是科幻片，但是剧中的海洋研究院以及深潜器“探索号”，都属于现实题材。剧中海的未知、神秘、博大和凶险，让观众身临其境。

西方文明源自古希腊，以《奥德赛》为例，西方对海洋的描写很早就浸透到文艺作品当中。《马可·波罗游记》开启了欧洲大航海时代，而这个时候又催生出很多关于海洋的故事，从现实版的《鲁滨孙漂流记》到幻想版的《格列佛游记》，不一而足。

工业革命时期，欧美文学更是涌现出不少海洋题材名著，有反应捕鲸业的《白鲸记》、海明威的《老人与海》、英文版的《金银岛》、法文版的《海上劳工》和《冰岛渔夫》、小说《海狼》，也有著名的诗歌《海燕》。《泰坦尼克号》更是有好几个版本的电影。

进入21世纪，《加勒比海盗》系列电影无疑成为海洋文化的代表作。剥开它的奇幻外衣，你会发现这个系列继承了大航海时代的冒险精神和自由精神。海盗们不分国籍和民族，在海上通力合作，对抗陆地强权。影片甚至以历史素材为模板，虚构出《海盗法典》，以突出海洋社会有别于陆地的特点。

毋庸讳言，海洋在西方文化界更受重视，能进入一流文学经典之中，而在中国还不能。我国古诗词有万千首，却很少有人咏海颂洋。有人指出，这可能是由于中国古代文人多居住在渤海和黄海，这两处海域泥沙含量高，看上去一片褐黄，无法像湛蓝的地中海那样令人诗兴大发。

今天，海洋文学在中国最多算是沿海社区的地方文化。什么时候海洋小说能够拿下茅盾文学奖，海洋电影能像《泰坦尼克号》那样创造票房纪录，海洋才算真正浸入中华文化之骨髓。

展望世界，海洋无论是作为文艺创作的对象，还是旅游观光的目标，其价值都在上升。当人类彻底突破海岸线的约束，大踏步投入海洋怀抱以后，海洋文艺还会突飞猛进。

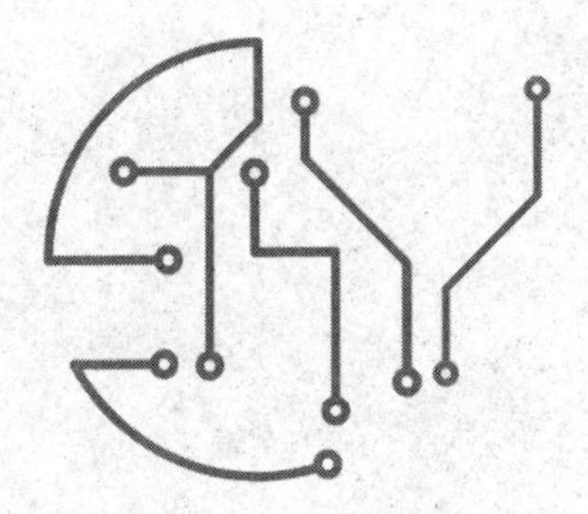

第二章　能源宝库

对于贫穷，人们都有直观感受，能源专家却有着更深刻的抽象的理解。他们认为，文明程度取决于人均能源占有量。19世纪末，欧洲人均能源消耗量是亚洲的11倍，北美更是亚洲的30倍！中国当时积贫积弱，从能源水平上便可见一斑。

即使在今天，中国仍然未能在这个指标上进入世界前列。然而传统能源正在走向枯竭，从哪里寻找新能源，进一步提升文明水平？很多人把目光投向了海洋。

01 海洋石油

“石油”这个词来自宋朝沈括的《梦溪笔谈》，当时陆地上很多石油蕴藏在浅表处，有的甚至掺杂在泉水里。

19世纪后半叶，对石油进行工业化开采后，这些浅表处的石油资源率先被开发。随着技术提升，人类又在陆地上钻较深的矿井。如今，中国陆地油井已经打到8 588米，相当于珠穆朗玛峰的高度。随着陆地石油逐渐枯竭，人们很早就把视线转向海洋。

全球海洋石油主要产区号称“三湾两海两湖”。“三湾”就是中东地区的波斯湾、美洲的墨西哥湾、非洲的几内亚湾。“两海”是欧洲的北海和亚洲的南海。“两湖”一指欧洲和亚洲交界处的里海，虽然其名字里有海，但它其实是个内陆湖；另外就是南美洲委内瑞拉的马拉开波湖。这两处虽然不是海洋，但与海洋石油一样要使用水下开采技术。

现在，全球海洋石油探明储量约380亿吨，700多座海上钻井平台分布各处，创造了石油总产量的三分之一。有100多个国家正在开采海洋石油，其中50多个国家具备深海油气开采能力。在一些地方，深海石油占比越来越高。在墨西哥湾地区和南美洲的巴西，深海石油产量已经超过浅海石油。

在深海里开采石油，从勘探到开采再到运输，都比浅海难度大，体现着一个国家油气开采技术水平。如今，国际上已经有能开采超过3 000米深石油的船队，开采能力可覆盖所有大陆架和大陆坡。

今天的读者可能想象不到，当年中国曾经大量出口石油来赚取宝贵的外汇。直到1993年，中国才成为石油进口国。现在，虽然也有大庆油田这类高产区，但是中国石油资源只占全球的3.6%，天然气只占全球的2.7%。2011年，中国已经超越美国，成为全球最大的油气消费国和进口国。

所以，海洋石油是中国的重要经济命脉。在近海，中国已经探明了10亿吨级的储量，300米以内的深度都具备开采能力。1990年以后，中国石油产量中的增量部分，有60%来自海洋石油。

2021年，中国生产海洋石油5.73亿桶，达到历史最高水平。即便如此，在我国整体石油储量中，海洋石油也只占12%，低于世界平均水平。在油气开采方面，进一步迈向海洋是中国的必然选择。

国际上将中国东海称为第二个中东，中国南海称为第二个波斯湾，这两处都是极有潜力的海洋石油出产地。不过，这些地方都是深海油气资源，勘探与开采的难度更大。

尽管中国周边海域油气资源丰富，但是作为世界上最大石油消费国，还是要将眼光投向全球。通过投资、并购和参股，中国正在获得更多全球海洋石油份额，典型的有投资南美洲圭亚那超深水油田、收购加拿大尼克森公司等。

02 可燃冰

如果说海洋油气是马上能到手的能源，那么可燃冰就是预计会到手的能源。

可燃冰的学名叫天然气水合物，因为看上去很像冰，所以有了这种通俗叫法。正常条件下，天然气并不与水化合，但是在高压低温的环境下，两者会发生反应。地球上哪里会有这种自然环境？一处是冻土，另一处就是深海。不过，陆地上冻土中的可燃冰只占整体储量的1%，海洋才是开采可燃冰的主战场。

人们早在19世纪就从实验室里制造出天然气水合物，对它的性质也已经有成熟的研究。不过，天然的可燃冰资源一直处在研究和勘探阶段。如果按照含碳量计算，可燃冰能达到煤、石油和传统天然气总和的两倍，是地球上最大的化石能源。另一种计算结果则显示，可燃冰可以供人类以现在能源的消耗水平使用1 000年。

当然，人类不会停留在今天的能源消耗水平上，未来肯定还要升级换代。可燃冰的价值就是在能源消耗升级之前，保障现有工业不因传统化石能源的枯竭而受到影响。

然而，由于可燃冰主要储存在深海，人们一直没有成功进行商业化开采。可燃冰形成于高压和低温环境，开采时需要使用降压法或者热激法，把天然气从可燃冰里分解出来，再提升到地面。

降压法能量消耗低，工艺相对简单，适合大面积开采，但是天然气的分解速度会越来越慢。热激法可以迅速产气，但是只能局部加热，开采面积受到限制。现在，人们正在根据不同环境条件，综合利用这两种技术。

还有一种办法，就是用二氧化碳置换可燃冰里面的甲烷。这在技术上是可行的，还顺便封存了二氧化碳，减少了温室效应，可谓一举两得。不过，虽然二氧化碳是主要的工业废气，但分离它的成本却并不低，这种置换法暂时还缺乏商业应用前景。

开采可燃冰还要考虑环境因素。甲烷带来的温室效应是二氧化碳的10倍。把它作为燃料烧掉当然没问题，但如果直接泄漏到大气里，就是新的污染物。目前的天然气开采技术可以防止甲烷泄漏，但如果开采可燃冰，能否阻止甲烷泄漏，现在还没有把握。

将海床深处的可燃冰变成甲烷和水，它就从固体变成了气体和液体，这会导致海底软化，进而导致滑坡。由于存在这种情况，因此可燃冰不能在海洋工程附近开采。广东珠江口外就发现了大面积的可燃冰，因为周围存在着不少海洋工程，就对开采造成了约束。由于技术受限，目前可燃冰开采还处于实验阶段，世界各国都没有商业性的可燃冰开采项目。

在这个领域，中国处于世界领先位置。中国科学院广州能源研究所研发出了世界首套可燃冰开采系统。2020年，中国在南海进行了可燃冰的试采，创造了世界纪录。中国很有可能在2030年前，成为第一个商业开采可燃冰的国家。

03 海水作燃料

用海水作燃料？这当然不是“水变油”的骗局，而是从海水中制取氢，再用氢作燃料。

自从富尔顿发明轮船后，先是煤炭，后是重油，轮船始终是化石能源的消费大户，也是污染大户，每年排放9亿多吨二氧化碳，约占全球碳排放的3%。而氢燃烧后只生成水，污染为零。氢动力现在已经在陆地上蓬勃发展，把它移植到轮船上不就行了？

2009年，德国ATG公司研发出全球首艘氢动力船，它可以载客100人，下水后在德国汉堡从事内河运输。由于氢动力电池的续航能力有限，这艘船不能跑远途海上运输。2017年，比利时CMB公司制造出双动力轮船，主要使用柴油，以氢为辅助动力。由于体量小，该船也只能用于短途通勤。另外，这两艘实验船的氢燃料来自陆上工厂，离通过海水直接制取氢还差得远。

2017年7月，日本丰田公司研发的全球首艘自主氢动力船开始环球航行实验。它配备太阳能和风能发电设备，用这些电力从海水中制取氢气。整个航行期间，这艘船不从陆地输入燃料。不过，这些实验船只体量很小，离大体量的客货运输船还差得远。

氢燃料用于航运的前景很好，但还有很多技术难点要克服。首先，靠电离技术从海水中制取氢，这些氢在使用时又用来发电，这么一来一往，如何保证输出大于输入就成了问题。其次，以氢为动力需要重新建造一套动力系统。目前，以氢为动力的发动机的功效还远远比不上燃油或燃气发动机。日本丰田公司的实验船虽然环保，但是航速只有7节，比帆船都慢。要想让氢动力船有竞争力，无论速度还是体量，都还有很长的路要走。

海水有腐蚀性，电离海水制取氢时会腐蚀阳极。所以，大部分氢动力实验船只能依靠陆上工厂用淡水制备氢气。丰田公司的方案也是先淡化海水，再用来电解，过程复杂，不实用。不过，斯坦福大学的科研人员发明了负电荷涂层，可以排斥氯化物，把它们涂在阳极上，既不妨碍导电，又可减缓海水对阳极的腐蚀。

其实技术能否突破，关键在于需求。靠海水自持的氢动力电池，军事方面会有极大需求，它可以减少舰船靠港次数，提高巡航能力。“辽宁舰”出海一次，需要加8 000吨燃油！如果舰船都使用海水提取的氢做燃料，就可以留出更多载重量用于增加武器设备，还可以长期巡航。特别是无人潜艇，依靠这种技术，几乎可以无限期地在海里航行。

一旦大型船只都使用海水作燃料时，整个海运体系将会因之变化。港口那些巨大的储油罐会消失，船上会有更多的空间用于载人或装载货物。

04 海上风电

受日照影响，白天陆地温度的上升速度快于海洋，风会从较冷的海面吹向陆地。晚上，陆地降温的速度又快于海洋，风就从陆地吹向大海。如此便形成了非常稳定的周期性海陆风，并且通常风力不低，这也是一种巨大的可再生能源。而利用这种能源的最佳方式，就是兴建大型海滨风电场。

相对于内陆风，海陆风的变化十分规律，发电效率比内陆风高。在海面上建风电场完全不占土地，不会因为土地矛盾而耽误工期。而且风机体形庞大，在公路上运输往往会造成沿途交通拥堵，但将它放到巨型海洋工程船上，运输就不是问题了。

内陆风电场要放在风力资源丰富的地方，比如甘肃酒泉或者内蒙古呼伦贝尔草原，甚至是一些山谷地区。这些地方通常不是经济中心，甚至其周围都没有人烟，发出来的电需要通过电网才能输送到城市和工厂。而由于长期的趋海移动，滨海城市集中了大量的人口和工业，也集中了用电需求。在这些城市的近海建设电场，可节省大量输电成本。

基于这些优点，海上风电的发展速度快于陆地风电。目前，全球海上风电装机总容量已经达到50吉瓦，到2050年还会增加10倍。中国已经在全球新增海上风电装机容量中占据主导地位，2021年全球新增海上风电装机容量达21.1吉瓦，其中80%来自中国。

海洋风电优点不少，但因为要扎根海底，并且要防腐蚀，成本很高。目前，海洋风电的制造和安装成本仍是陆地风电的两倍，未来海洋风电的技术发展方向除了降低成本，就是让风机小型化。

现在一提到风电，人们就会想到巨大的叶轮，一片叶轮能有波音飞机的机翼那么长。可能很多年后，人们会认为这只是一种“古典风机”，小型发电树会取代大型风机，成为风电的主流。

2015年，法国工程师拉里维埃研制出发电树，学名叫小型风力涡轮机。它可以接受四面八方的风，叶轮由天然纤维制成，非常轻盈，只要有能吹动风向标的微风，就能让其发电，而且效率是传统风机的两倍以上。这种发电树的体量还非常小，拉里维埃制造的原型机有7米高，未来还会缩小到能放在住宅的阳台上发电。它不像风机那样，由形状固定的叶轮采集风能，而是使用了很多小叶片，人们可以根据建筑条件将发电树改造成各种形状。

由于小巧而灵敏，发电树仅需要城市里拂面的微风就能工作，放到海边更能派上用场。妨碍发电树普及的不是技术本身，而是电网。自从爱迪生在竞争中失败，放弃直流电以后，人们已经习惯使用交流电。即使是风力发电，也要先把电送入电网，再通过变压器传入各家各户。

而无论是大型风机还是小型发电树，都是分布式发电，本质上类似于家用柴油发电机。那些孤悬海外的小海岛，可能更需要这种发电方式。当海上科研站和工厂普遍建成后，直流输电在这些地方会占据优势，发电树也能被普遍利用。

05　太阳的馈赠

石油可以看到，海风可以感受。但大海里还有一种看不见、摸不着的能源，需靠科学知识指明它的存在，那就是温差能。

19世纪，海洋学家已经能测量出深海的水温，知道深海水温与海洋表面温度相差很大。1881年，法国物理学家阿松瓦尔提出，可以使用某种沸点很低的介质，在海洋表面将其汽化，驱动发电机发电，再把乏汽输送到海洋深处冷凝，重新变为液体，这样形成循环，就能利用上下层海水的温差来发电。理论上讲，这种能量来自太阳。正是由于它晒热表层海水，才与深层海水形成了温差。所以，温差能算是一份太阳的馈赠。不过，海水吸收的太阳能，其中约有一半导致海水蒸发，这部分能量散失在大气里，另一半才会被海水储存。具体来说，是储存在海面以下200米内的水层中。深层海水温度都很低，到了几千米深处，如果附近没有海底火山或者热液，海水只有几摄氏度。但是海域所处的纬度越高，表层海水越冷，上下层海水温差也就越小。所以，温差发电要在赤道两侧附近的海洋里才有经济价值。

进入20世纪，阿松瓦尔的学生在古巴建立起第一个温差发电实验系统，证明了它的可行性。古巴位于北纬25°以南，恰好是温差发电的有利区域。

然而，由于石油供应很丰富，没有投资商愿意投资这种低效率的能源系统。直到20世纪70年代第一次石油危机出现，发达国家寻找各种替代能源，温差发电才又被提上日程。1979年，美国在夏威夷海边一艘旧驳船上，建立起世界上首座温差发电站。如今，日本和中国都建起温差发电实验电站。

海水越深，上下层温差越大，发电效果越好。所以，温差发电站最好建在深海。这也导致温差发电和其他海洋发电方式面临同样的难题，就是把发电系统固定在什么地方。目前，温差发电系统只能放在实验船上，规模显然很受限制。管道系统则是温差发电特有的难题，管道越粗，输送的介质越多，发电能力越强大。然而在海洋里竖起上千米长的粗管道，这是其他海洋工程没遇到过的挑战。石油钻井管道也是竖直的，但其直径远不能与温差发电管道相比。人类在海洋里建有粗大的输油管，但它们都躺在海底，而不是竖在海水里。

另外，在深海处发出的电很难输送回陆地。这也是导致温差发电规模不大的主要原因。目前，温差发电系统所发的电主要供深海科研设施使用。以中国三沙市为例，当地离海南岛最南端的三亚市约340千米，不可能从海南岛拉电网过去。现在，当地靠柴油发电，而柴油则需要从海南岛运过去。如果能在附近建造温差电站，就能解决供电问题。

温差能越靠近赤道，越有开发价值。然而打开世界地图就会发现，赤道附近恰恰缺乏大型工业设施或者高密度的人类聚居区，甚至没有多少发达国家。所以，温差发电的前景取决于人类是否大规模进军海洋。

06 月球的礼物

如果说温差能是太阳的馈赠，潮汐基本可以算是月球的礼物。虽然太阳和月球共同吸引着地表的海水，但是太阳大而远，月球小而近，两相比较后，月球引潮力是太阳的2. 25倍。

自从工程师掌握了发电的基本原理，就开始打潮汐的主意。因为它是一种很有规律的机械运动，无论涨和落都可以带动发电机发电，这种能源称为潮汐能，著名的钱塘江大潮，就是潮汐能的表现。1912年，德国人便建成了小小的实验型潮汐电站。1968年，法国人在朗斯河入海口建成潮汐电站，此后一直是这个行业的标杆。朗斯河口本身水流湍急，潮汐电站使用双向发电方式，涨潮时水从外海进入内河，落潮时反过来，来来去去都在推动水轮机发电。如果在潮水缓的地方建潮汐电站，就需要借鉴陆地水电站的运作方式，先建水库，形成水面高度差，利用高度差来发电。

还有一种简易的潮汐发电方式，叫作潮汐涡轮发电，直接把改造后的水轮机放在潮流中发电，省去基础设施。不过这只适用于自产自用、规模较小的分布式发电。加拿大圣约翰市外的芬迪湾建有世界首座潮汐涡轮发电站，只能供应500户家庭用电。

虽然潮汐到处都有，但适合建电站的地方并不多，必须有狭窄的海湾或者河口，才能形成很高的潮差。这个地方还要接近电网，便于输送电力。入海的河流通常是水运要道，建潮汐电站还不能影响航运。在这些条件的约束下，中国沿海共发现了191处适合建潮汐电站的地方。浙江省虽然面积不大，但由于地形优势，占据中国沿海潮汐能储量的41.9%。虽然中国有很多地方可建潮汐电站，但目前只建成10来座，还有很大的发展空间。以装机容量来计算，中国浙江省的江厦潮汐电站世界排名第三、亚洲排名第一。

潮汐现象遍布所有海域，但以海边最为明显。由于水浅，海水冲到这里会形成大浪。那些经常有惊涛拍岸的地方，能源密度很高，甚至比太阳能和风能的密度还高。潮汐电站也因此都建在海边，由于更接近用电单位，与其他海水发电形式相比更具备市场优势。所以，潮汐电站很早就进入实用阶段，而其他海水发电方式都还在实验中。内陆建设水电站，一般都要征地、移民，而适合建设潮汐电站的地方往往是荒地，这也让潮汐发电减少一层成本。

就目前情况来看，潮汐发电还不是主流发电形式，但在全球向清洁能源转型的大趋势下，潮汐发电有很大的潜力。

07 洋流发电

依靠着奔腾的长江水，三峡水电站从建成以来，蝉联世界水电发电量的冠军。然而江水与洋流相比，就小巫见大巫了。世界上最大的洋流是墨西哥湾暖流，水流量相当于全球所有河流流量总和的80倍！注意，是所有陆地河流！即使排在第二位的太平洋黑潮，最大流量也是长江入海口处的

2 000多倍！

如此宏大的水流，携带着巨大的动能循环不息，如果用来发电，未来岂不会有海上三峡？当然，早就有很多人在打这个主意。可是理论很丰满，现实较骨感，洋流发电还一直停留在实验阶段。

水电站的发电机一般都固定在整体结构里面，但洋流都位于远海，发电机要如何固定？如果不固定，它就会随波逐流，根本不能发电，这是洋流发电的头号难题。1973年，美国莫顿教授提出了一个方案，在海面下30米处敷设固定管道，直径达170米，内装发电机组，让海流带动发电。

这样巨大的发电机组，尺度已经和三峡水电站的水轮机差不多了，难以实施。美国人后来开发出驳船式洋流发电站，就是在一艘船的两边装上水轮，和早期的明轮船形状类似，只不过不靠明轮驱动，而是停在那里，让水轮在海流推动下带动发电。

武汉理工大学能源动力学院另辟蹊径，把洋流发电与风电机捆绑在一起，如今沿海已经建有很多风电场，有些洋流也会途经这些地方，该团队设计出双转子发电机，可以同时使用风力和洋流驱动发电。

我国台湾地区处于西太平洋黑潮影响下，当地中山大学陈阳益教授带领的黑潮发电研究计划已经通过测试，这个实验电站系泊在900米深的海底，通过低转速洋流能涡轮机，将洋流能变成电能。

黑潮也流经日本，当地新能源研究团队在鹿儿岛外海做了类似实验。他们将涡轮机沉入水下几十米，并获得了持续的电流。

金门大桥是美国旧金山市一景，我们经常会在美国电影里看到它的身影。当地管理委员会曾经计划利用桥下的水流带动发电机，给周围750户家庭供电。这个项目价值220万美元，属于机动灵活的发电方式。

重庆宇冠数控科技有限公司还开发出一种数控洋流发电机，每台只有15千瓦，输出功率和最小的柴油发电机差不多。在每秒两米的水流下，这种发电机可以为数十人提供生活用电。但如果在大洋里敷设5 000台这样的发电机，就能支持一座小城市的用电。而且它不消耗燃料，不产生噪声，清洁、环保。

与洋流本身的规模相比，这些洋流发电实验非常不起眼，似乎浪费了洋流的能量。其实，阻碍洋流发电规模提升的原因更在于应用，只有把这种发电站设在深海大洋，发电规模才能扩大。如此一来，就要建设复杂的海洋输电系统，远不如把电站建在城市附近经济。

未来能释放洋流发电潜力的途径只有一个，就是洋流发电站不再为陆地供电，而是为海上浮城供电。

08　惊涛骇浪都是电

然而，上述所有能源，都不是海洋中最大的能源。海洋中到处都有波浪，是典型的机械运动，由此产生的波浪能，占全部海洋能量的94%！

早在19世纪就有人打起波浪发电的主意。现在，人们已经设计出各种波力发电装置，其中一种叫作振荡水柱式波力发电装置。它像是打气筒，下面与海水相通，上面与空气相通。波浪进入装置时，空气室里的空气被压缩，波浪下降时空气又膨胀，一来一往都能驱动发电机。这种发电方式可以利用波浪上下振动的能量。另外一种设计叫摆式波力发电装置，它的主要部件是“摆板”，其在波浪冲击中摆动，从而带动发电装置发电。由于波浪方向不断变化，摆式波力发电装置随时调整位置，以对准波浪来袭的方向。还有一种设计叫波面筏装置，专门收集浅水中的波浪能。它像一只漂在水面上的筏，内置有面板，能随着波浪运动。筏与面板连接处有液压结构，在波浪推动下不断伸缩，转化成电能。有时候波面筏也会被设计成浮筒，以适应不同的水面。这些装置利用的发电原理都是电磁感应原理，让转子切割磁感线来发电，和传统的水力发电、火力发电没有区别。

另有一种完全不依靠电磁感应的压电材料，可能更适合波浪发电。某些晶体受到压力时，会在两个端面间出现电压，形成微弱电流，这就叫压电效应。1880年，科学家就从石英晶体里发现了压电效应。现在已经发现了若干种压电材料，但是它们产生的电流都很微弱，所以压电材料目前不用于发电，而是用在传感器上，将微弱的压力变化用电流反映出来。随着材料技术的发展，新的压电材料已经有很高的能量密度，可以经济地把压力转化成电力。在陆地上，已经有人把压电材料放在公路下面，把往来汽车的压力转化成电力。压电材料更合适于宽阔的洋面，用波浪造成的压力来发电。这样的波力发电机不需要复杂机械传动结构，质量大大减轻。

各种设想和方案研究了一个世纪，2018年世界首座波浪能发电场终于在英国康沃尔郡投产；2020年，中国首台500千瓦级波浪能发电装置也在珠海大万山岛启用，标志着我国进入波浪能开发的前列。

推广波力发电还有一个问题，就是如何输电。和小型洋流发电一样，波力发电也是分布式发电，如集中输入电网，再分散到各家各户，整个过程损耗很大。所以，波力发电更适合给灯塔这类海洋工程或者海岛社区供电。

09 聪明的海水发电术

理论上讲，任何机械运动都可以转化成电力，所以地球表面并不缺乏能源。只是到目前为止能源技术还很粗放，转化不了自然界那些细微的、杂乱的机械运动，比如纷乱的水流。所以，能源技术的一个新的发展方向就是“智慧能源”，力图把各种新技术融合到发电领域，利用以前难以利用的微小能源和零散能源。水伏发电就属于这一种。

自然环境中的水被太阳照射，每时每刻都在蒸发。每蒸发1克水就要吸收2.26千焦的能量。全年加起来，地球表面的水在自然蒸发中消耗的能量，相当于人类消耗能源的上千倍！这种无声无息的能量以前根本无法使用，但是现在有种碳纳米管材料，通过与水作用，可以转化水蒸气携带的能源。几平方厘米的实验材料所发的电，已经可以打开液晶显示器了。这种新兴发电方式被称为水伏发电。和光伏发电一样，水伏发电也要依靠材料的特殊性能，但不需要搞基建，把材料在水面上铺开就能产生电能。理论上讲，江河湖海都能搞水伏发电，但是陆地水面不适合大规模覆盖，而海洋却可以。几平方千米水伏发电材料就相当于一个中型发电站。目前，由于碳纳米管材料十分昂贵，水伏发电还没有投入实验。但是碳纳米管的单价正在不断下降，等到其能进入寻常百姓家时，我们就可以见到大洋上的水伏电站了。

除了水蒸气，水滴也可以用来发“聪明电”。1867年，英国科学家开尔文就研制出“滴水起电机”，让水在滴落过程中通过静电感应作用形成电压差。由于发出的电能十分微小，滴水起电机只是一种用于演示的实验仪器。2020年，香港城市大学的团队用聚四氟乙烯薄膜改进了滴水起电机，把发电效率提高了上千倍！每平方米产生的电量可以点亮LED灯。现在，水滴发电还只能进行原理演示，未来还要通过建设实验电站才能走进实用阶段。海洋上和陆地上都有降水，海洋因为占据七成的地球表面，降水量也大体占全球降水总量的七成。滴水发电成熟后，既可以在陆地上使用，又可以成为海洋社区的电力来源。

相比于我们熟悉的火电厂和水电站，这些能源的潜力大到不可比拟，但它们最大的问题就是散乱，水流方向和幅度都无法控制，即使能用于发电，也是忽大忽小，忽有忽停。所以，需要自动控制技术更上一层楼，让整个电力系统变得更“聪明”，才能把这些零散电力集中起来规模使用。除了潮汐电站，所有这些海洋发电站都离陆地居民点很远。温差能最好在赤道附近，波浪能最密集处在北大西洋，要把这些地方发出的电输送回陆地，就要建设复杂的海底电网体系，发电成本虽低，输电成本却高。

所有这些海水发电技术都要等将来的某一天才能发扬光大，那就是人类在大洋里建成长久驻留地。

10　终极能源

不久的将来，可控核聚变将成为最主流的发电模式，一举替换掉其他发电技术。届时，海水将会给核聚变提供取之不尽的原料，那就是氢的同位素“氘”。

在极高的温度和压力下，两个氘原子核会聚变成氦原子核，并释放出巨大能量。由于能量密度极高，氘的使用量很小，百万千瓦核聚变电站每年只消耗304千克的氘，而一升海水就能提取出30毫克的氘，地球上所有海水包含着45万亿吨的氘。如果上述工业链条最终形成，一升海水相当于300升汽油。而且从海水中提取出氘以后，几乎不会改变海水的性质，可以重新排放入海。

从20世纪50年代起，由苏联工程师设计的托卡马克装置成为可控核聚变实验平台；90年代以后，中国也加入了这场能源革命，在合肥建成世界首座全超导托卡马克装置。它已经创造了1 000秒的连续工作纪录，未来的使命是实现真正的连续工作，最终实现能量净输出。与可控核裂变相比，可控核聚变条件复杂得多，需要国际协作。如果一切顺利的话，2050年前后人类将建成第一座可控核聚变实验电站。这可能是人类进入太空时代前要登上的最后一级能源台阶。人类普遍使用化石燃料后，就不再烧木头。一旦核聚变电站启动，人类目前的能源结构也将彻底改变。占地面积过于广阔的水电将首先消失，污染严重的火电也将随后消失。甚至风电和太阳能发电也不会长久，因为风机和太阳能电池板的制造都是高耗能过程。当然，核裂变电站也将在消失名单上，毕竟裂变燃料很少，而且燃烧后的核废料如何存放也是个尖锐的问题。而核聚变的最终产物是氦，没有放射性，十分清洁。

更重要的是，人类历史上不断因为能源而发动战争，可控核聚变将终结这类战争，谁愿意为取之不尽的海水而开战呢？首座核聚变电站发电半个世纪到一个世纪内，所有其他的集中式发电装置都会消失，天空变得清洁，大地变得安静。但仍然会有一些分布式发电，如风电、太阳能发电和水伏发电，服务于远离居住区和工业区的人们。重要的是，依靠强大的可控核聚变，人类才能开启太空时代。

如果按照现有能源的使用量计算，海水中的氘可供人类使用250亿年！足够人类用到地球被太阳吞噬掉之前。那时，人类也许早已离开地球，开发星际资源去了。

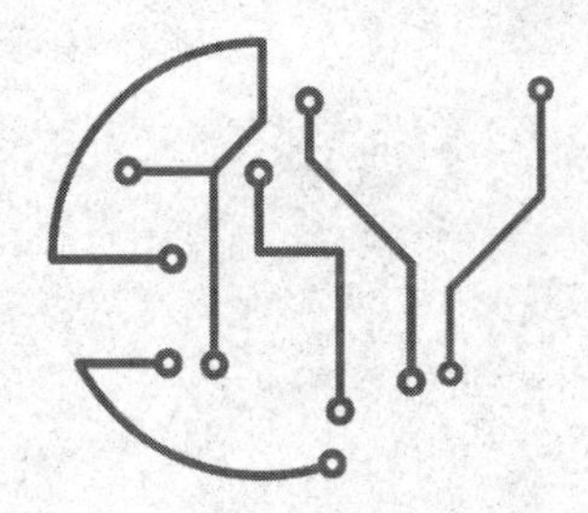

第三章　无机宝藏

走到海边，用手指沾着海水尝一尝，苦咸的滋味会提醒你，海水就是无机溶液，是一座流动的富矿。人类从陆地上找到的很多资源，如果与海水中的蕴藏量相比，都会变得不值一提。

然而，资源永远是技术的函数。没有金刚钻，人类就揽不了海水提炼这个瓷器活。直到几十年前，不断更新的技术才让海水显示出它的资源本质。

01 化海水为淡水

地球上的水虽然多，但淡水只占可怜的2.53%，并且绝大部分封存于冰川中，而那里又是无人区。第一次工业革命以后，全球人口总量不仅增加了6倍，而且大规模地趋海移动，人口逐渐集中到沿海城市，而淡水却一直靠内陆维持。

1982年，由于用水告急，天津市不得不实施引滦入津工程，从河北省滦河流域引水入津。为开挖各种渠道与涵洞，最多时有17万人奋战在工地上。而天津市主城区离大海只有几十千米，中间一片通途，却只能望海兴叹。

在中国55个沿海地级以上城市中，有51个为缺水城市。沿海地区年缺水总量达到200多亿立方米，主要集中在天津、河北、辽宁、山东等这些北方沿海地区。究其原因，在于这些地方主要依靠陆地淡水，且常年处于干旱。另外，沿海城市海拔很低，不能大规模抽取地下水，否则海水会入侵内陆地下水系统。

如果按质量计算，海洋给予人类最大的物质资源就是水本身，使用它的方式便是海水淡化。如今，阿联酋几乎所有饮用水都来自海水淡化，以色列也有70%的饮用水来自大海。在意大利的西西里岛，当地居民有500万，海水淡化已经为居民提供了四成的饮用水。不过，这些都是人口不到千万的小型经济体，如果是数千万人口的沿海国家，海水淡化还不能为全民提供饮用水。

中国海水淡化工程正是从缺水的天津开始。最紧张时，天津曾经从北京密云水库临时调水，但是北京也缺水，无法长期支持天津。1974年，国家为解决天津缺水问题，召开全国海水淡化科技工作会议，工业规模的海水淡化厂也是从这次会议后开始建设的。

现在，天津发展成全国海水淡化规模最大的城市，每天生产淡水几十万吨，保障了滨海新区五分之一的饮用水，而滨海新区为天津贡献了经济总量的四成。

北京市也制订计划，未来将从河北省曹妃甸工业区输送淡化海水，最终实现每天300万吨的产能。2019年北京市的日用水量为320万吨，如果该海水淡化工程能完成，加上其他水源，基本能满足这个北方最大经济城市的用水。

中国有450个岛屿有人居住，海水淡化是当地头号水源。对沿海城市来说，海水淡化目前还只是第二水源，比例远低于内陆淡水供应。但如果曹妃甸这种规模的海水淡化工程能够普及，海水淡化将成为沿海城市的第一水源，节省下大量陆地淡水资源。

海水淡化需要很多能量，是取用淡水能耗的10倍以上。意大利都灵理工大学能源部发明了一种仿生学装置，能漂浮在海面上用毛细管吸收海水，并自动将水和盐分离。该装置全程不使用机械系统，依靠太阳能每平方米每天可产生20升淡水。

中国科学院宁波材料技术与工程研究所用水稻秸秆制造成光热蒸馏器，每平方米每天可提供三个人的饮用水，使用的能源是太阳能。

这些海水淡化装置不能大规模生产淡水，但可以用于小型居民点或海上科研站，甚至可以配备在救生船上，让海上遇险人员直接从海水中获取淡水。

02　冰山也是资源

2000年3月，一座名叫“B15”的冰山从南极洲罗斯冰架上断裂，漂进海洋，其面积达到惊人的1.14万平方千米。1.14万平方千米有多大？差不多能把天津市区和四郊五县都包括进去。

南极冰川冻结了地球上72%的淡水，由于压力和重力的作用，这些冰川从数千米高的地方向海边压下来，前端探入海洋形成冰舌。冰舌一旦断裂，就可能形成南极特有的“桌状冰山”。这些冰山露出海面的高度可达几十米，海面下可达几百米，方圆按平方千米计算。

这些冰山在南极附近被海流和海风所推动，兜兜转转，最后融化在海水里。它们的寿命可能有几年或十几年，有的甚至可存在几个世纪。如果把它们运到人类所在地，不就是很好的淡水资源吗？以“B15”为例，这座冰山后来裂成两块，代号为“B15A”的一块蕴藏的淡水够英国用60年，而另一块也够美国用5年。

然而打开地图后就会发现，人类工业地带和人口密集区都在北半球，距离远不说，还隔着很多岛屿和陆地。所以，能用上这些冰山的只有南美沿海地区、非洲南部沿海地区和澳大利亚。沙特阿拉伯曾经打过冰山的主意，想把它们运到吉达港融化成淡水，但是成本太高了。

不像内陆淡水，南极冰山是无主资源，把它们运到目的地，运费是主要成本。中国学者曾进行过成本分析，以1亿立方米的冰山为目标，以每小时3千米的速度拖到波斯湾，扣除沿途融化部分，淡水价格只有海水淡化的4%。所以，这笔生意完全能做！

从技术上讲，运输前要选择冰山的形状，长条形冰山容易在腰部折断，导致运输失败；过于方正的冰山，行驶时海水阻力大。至于什么是适合运输的最佳形状的冰山，目前还没有在实践中得出结论。

目标冰山的位置也要选择，离南极大陆越远，离供应目标就越近。拖运冰山通常要几个月甚至一年，距离缩短几百千米都是优势。另外，冰山在海面下的部分高达几百米，当进入狭窄水道或者宽大的浅海时会有搁浅的可能，这个因素也需要考虑。

至于拖动技术，目前有几种方案，有人主张直接用船上的钢索拖拽，也有人主张在冰山上装上电力推进装置，由船载核电站供电。

万事俱备，只看需求。南美有人口，但经济规模有限，而且还有亚马孙河供水。澳大利亚是工业发达的国家，但人口有限，对淡水也没有迫切的需要。海湾国家又富又缺水，无奈离冰山太远。综合各种因素，非洲南部反而是最大的潜在市场。这里是全球人口增长最快的地区，从现在起到2050年，非洲还要增加13亿人口，他们都需要淡水。同时，很多非洲国家都在工业化，经济的年平均增长率可达到10%，不亚于曾经的中国，这也使得他们在将来有条件为冰山付费。

当然，拖动冰山之前，最可能实现的是贩卖南极冰块，将无污染的南极冰直接放入冷冻船，运到发达地区，成为酒店、餐馆的配料。

03 海水可以直接用

凡尔纳曾经写过一个科幻故事，名叫《大海入侵》。在小说里，人类开挖运河，将地中海的海水引入撒哈拉沙漠，这是直接利用海水的科学畅想。虽然撒哈拉沙漠改造工程从未开展过，但是人类直接利用海水，而不是将海水淡化后再使用，积累起来的水量也能灌溉几片沙漠。

过去200年来，内陆居民纷纷离土离乡到沿海城市工作。这种趋海移动积累到今天的一个结果就是，中国人均淡水占有量约为每年2 100立方米，而大部分沿海城市人均淡水占有量低于每年500立方米。所以，沿海城市对直接使用海水有刚性需求。

在城市用水中约有70%～80%属于工业用水。而在工业用水中，冷却水又占70%～80%。综合下来，一半以上的城市用水消耗在冷却上。为什么不直接用海水？是的，很早以前人们就用海水进行直流冷却，也就是把海水引入工厂设备进行冷却，然后再排入大海。但是由于冷却过程携带污染物，造成近海环境严重污染，这种方法已经基本废止。

目前，工业上主要利用海水进行循环冷却，也就是将从冷却塔流出来的温热海水储存起来，降温后再通入冷却塔循环利用，取水量降到以前的百分之几。

在市民生活用水中约有35%的水是用来冲马桶的。现在的下水管道多使用陶瓷和塑料制品，耐腐蚀，冲马桶也可以使用海水。在香港，八成人口用海水冲马桶，每年节省约18%的淡水。在沿海城市，景观用水和道路清污用水也可改用海水，这两个领域也是用水大户。

而在工业领域，洗涤、制碱、印染等行业都是用水大户。工业生产迟迟不能用海水，是因为海水盐分太高，易腐蚀机器设备。然而，用新材料对机器设备进行改造，最大限度地减少腐蚀，海水不就可以直接使用了吗？沿着这一思路，上述行业也正在加大海水的使用量。

如此看来，直接利用海水大有可为。无论沿海工厂取用多少海水，周围海水都会自动补充过来。与淡水相比，海水取用量接近于无限，只是由于排污考虑，才不能无限量取用。然而，工业上使用淡水也会造成水污染，两者在环保处理方面几乎没有区别。

如果直接利用海水大规模铺开，不仅沿海地区节约了淡水，某些大量用水的工业企业还能从内陆迁到沿海地区，间接节约了内陆淡水资源。然而，目前制约海水直接利用的，除了技术因素，还有价格因素。

沿海城市在建设过程中，供水系统从整体上是以利用淡水为主的。如果改成利用海水，需要对管网进行大规模改装。特别是很多工业企业，都需要改装给排水系统，这笔费用非常大。

另外，如“南水北调”之类的工程由国家出资，以公益形式兴建，使淡水价格低廉，居民和企业更愿意使用淡水。而直接利用海水从一开始就由市场定价，难以和淡水竞争。这种价格体系导致资源供求关系被扭曲，但也不能一步调整到位，需要在较长时间里，逐渐把淡水成本计入价格，让水价上涨，促使人们更多地使用海水。

04 海盐之利

过去天津有句老话，“金宝坻，银武清，不如宁河一五更（jīng）。”这句话是用来形容当地长芦盐场的价值。宝坻和武清是天津的两个富裕县区，都能进入全国百强县。然而，他们都比不上宁河盐工半夜起来收海盐的效益。

长芦盐场横跨天津与河北，海盐年产量占全国的四分之一。此外，中国还有东湾、莱州湾等著名盐田。浙江甚至有个海盐县，以“海滨广斥，盐田相望”而得名。

与趋海移动相似，人类吃盐也是先用陆盐后用海盐。盐业是很多内陆帝国的经济命脉，通过加热高卤水获取盐是常用方法。然而，直接把海水引入滩涂，靠风吹日晒蒸发取盐，不仅大大节省燃料费用，还不需要钻取卤水。所以，海盐最终取代陆盐，成为餐桌上的主流。

不过，若根据用量来计算，盐最大的用途不是食用，而是充当工业原料，所以工业盐也被称为“化学工业之母”。人类通过盐来制造盐酸、烧碱、纯碱和氯气，再把这些原料用于陶瓷和玻璃的生产，以及日用化工、石油钻探等。所以，盐是现代工业的重要物资，单是制造烧碱和纯碱的用盐量，就达到食用盐量的8倍。

1914年，中国实业家范旭东便是从海盐起家，进一步创办碱厂、硫酸铵厂，成立化工实体“永久黄”，成为民国时期四大实业家之一。

从化学角度讲，盐并非只指氯化钠，而是所有金属离子或铵根离子与酸根离子结合的化合物。海水除了能提取氯化钠，也能提取其他盐类，包括氯化镁、硫酸镁、碳酸镁等。氯化镁可用于食品工业，如加工豆制品；用硫酸镁制造的水泥具有良好的防火性、保温性和耐久性，而且硫酸镁还是重要的镇静剂；其他盐类也都有重要的工业用途或者医学用途。

人们用海水晒盐时，先得到粗盐，剩余的苦卤水就用来提取其他化工原料。中国每年在海盐制取中产生约2 000万立方米的苦卤水，这些苦卤水是重要的化工原料。

虽然科学家很早就弄清了海盐的成分，但是以海盐为原料的化工业在20世纪60年代才发展起来。海盐以海水为原料，不管使用多少，周围海水都会补充过来。如果把海洋中的海盐都提取出来，约有5亿亿吨之多，与人类现在的取用量相比，算得上是取之不尽，用之不竭。以海盐为原料的重化工业，多分布在沿海城市，直接从海水中提取盐，可减少运输成本。

早在2005年中国就成为全球头号海盐生产国，现在中国的海盐产量已经占到全球海盐产量的三成以上。新中国成立初期不仅缺盐，而且盐类化工业规模小，近90%的盐供食用。1987年，中国工业用盐量超过食用盐量。现在，两者的比例已经倒转过来，工业用盐接近总用盐量的90%。

所以，海盐在国民经济中有着极其重要的地位。

05　从海水中直接提取原料

除了海盐或者海盐业的副产品，我们还能从海水中直接提取很多有用原料。特别是海水淡化行业，到现在对水的提取率都没超过50%，浓缩后的海水要作为废料排回去，既污染又浪费。所以，人们开始打起了从海水中直接提取原料的主意。

镁在海水中的比例仅次于氯和钠，镁的各种合金广泛运用于航空航天和精密仪器上，是重要的工业原料。人们很早就开始研发从海水中提取镁的工艺，主要方法是把海水与石钟乳混合生成氢氧化镁，再进行提炼。

中国科学家袁俊生带领团队研制出“改性沸石”，用它制成分子筛，可以从海水中提取钾，富集率可达到之前的200倍。用这些原料制造钾肥，质量已经达到进口优质钾肥的标准。

溴是海水中的另一种资源，以前主要通过蒸馏法提取，效率低下。中国科学家吴丹等人发明鼓气膜吸收法，可以提取海水中90%以上的溴。

锂是重要的电池原料，相比其他金属，锂可以储存更多能量。每年全球为了制造锂电池消耗约16万吨锂盐。随着新能源车的普及，这个数量还会在10年内增加近10倍。

全球海水中储存着约1 800亿吨锂，不过看上去很多，但是浓度只有0.2%，而且锂和钠的化学性质接近，钠在海水中的比例远多于锂，所以目前各种提取方法都导致产生的钠远远多于锂。

美国斯坦福大学崔屹教授的团队在电极上涂覆二氧化钛，让锂离子更容易透过这层薄膜进入电极，并且分离也比钠要慢，经过多次循环后，可以将提取的钠和锂的比例提高到1∶1，有了工业化生产的价值。

2018年，南京大学的团队使用选择性固体膜，从海水中成功提取出锂。整个过程依托太阳能电池板完成，大大节省能耗，也让从海水中提取锂朝实用方向迈进了一步。另外，铷和铯等重要的金属也都可以从海水中提取。

核电以铀为原料，陆地铀矿现已不堪开采，人们便尝试从海水中提取铀，英国和日本都有此类研究。2018年，美国一个研究团队使用丙烯酸纤维，将海水中的铀吸附在上面，改变条件后，这些铀还会从材料上分离出来，1千克丙烯酸纤维就能从海水中分离出5克铀。

1970年，华东师范大学科研组率先从海水中提取到30克铀。目前，这些实验的成本都高于陆地铀矿，但是前景看好。陆地铀矿只集中在极少数国家，而世界上很多国家都有海岸线，一旦海水提铀技术取得突破，日本这样的国家都可以自产核燃料。

浓海水是海水淡化工业的废料，但同时也是上述工业的原料。所以，这些工业可以围绕海水淡化业建立起来，一举多得。

06 不起眼的资源

如果以产值计算，目前海洋中最大的资源非石油和天然气莫属。第二大资源很多人不一定想得到，它居然是不起眼的海砂。

只要搞建筑，就需要砂，特别是混凝土技术出现后，砂必不可少。最初，人类主要利用河砂和山砂，随着城市建筑体量暴增，这两种砂资源供不应求，价格飞涨，不少工程居然因为没有砂而停工。

利用河砂和山砂需要挖河道、挖山体，造成明显的环境破坏。将陆砂运到海边，运费成本也很高昂。这些都促使人们以海砂替代陆砂。另外，由于海平面上升，沿海地区需要大规模填海造陆，或者修筑海堤。目前，人类采集的海砂中，有20%用于填海造陆。未来几十年，这类需求会迅速膨胀，陆砂已经完全无法供应。

广东省近海海砂资源约有12.5亿立方米。该省制订规划，要在未来几年内每年投放7 000万立方米海砂。2020年，珠海市拍卖珠江口外伶仃东海域的海砂采矿权，居然拍到62.48亿元，和大城市中心地价有得一拼。菲律宾向中国中交疏浚集团提供的2亿立方米海砂，价值也高达几十亿元。

然而，海砂与河砂有个最大的区别，就是海砂含盐量高，拌入混凝土中会腐蚀钢筋，导致结构隐患。所以，在技术手段得到突破之前，海砂只能用于临时建筑。然而，由于陆砂供不应求，一直有人偷偷使用海砂。国家也出台各种政策，严格限制砂料中的氯含量。

海砂要想合理使用，必须经过淡化。于是，海砂混凝土成为一个重要的科技攻关项目。日本由于缺乏陆砂，从20世纪40年代开始研发海砂混凝土，到了90年代，日本30%的混凝土使用海砂。英国、丹麦、挪威、瑞典等沿海国家，也都普遍在建筑业里使用海砂，一些国家海砂的使用量已经超过40%。

要减少海砂里的盐分，最简单的方式就是用淡水冲洗。不过，滨海地区本来就缺乏淡水，冲洗海砂造成了新的淡水消耗。为此，珠海台奇海砂淡化科技有限公司在全球首创海水洗砂技术，直接用海水将海砂中的有害离子含量降低到国家标准以下。

另外，挖掘海砂会改变海底地形，影响河道入海口，破坏海洋生态环境。所以，海砂开采需要自然资源部门提供详细的勘探结果，并且在合规的前提下进行开采。

除了采集天然海砂，靠机械手段还能将海底岩石粉碎成海砂，用于扩大岛屿面积。这就需要大型自航绞吸挖泥船。它配备各种绞刀，将海底岩石绞碎后，可以喷射到千米以外，从而把礁盘扩建成岛屿。

中国已经相继建成“天鲸号”与“天鲲号”重型自航绞吸船，通过这些船只协同作业，一年半在南海填岛12平方千米，极大地扩展了海岛的使用面积。2019年，这些造岛神器又在斯里兰卡的科伦坡吹填出269公顷（1公顷=10 000平方米）土地，成为印度洋周边最大的单体填海造陆工程。

随着技术水平的不断提高，海砂与海岩这些不起眼的物质，正成为大海中的新资源。

07 滨海砂矿

仅仅用于建筑，还不至于让海砂如此值钱，不少海砂还是宝贵的矿产资源。

远古时代，火山将地球内部的矿物质喷射出来，在海边冷凝，它们被浪涛反复拍打，形成砂石。受海流冲击，有些砂状矿物堆积起来，便形成规模化的海砂矿。全球已探明具有开采价值的海砂矿高达7 000亿吨。

二氧化硅是海砂中最主要的成分，它可以被加工成各种石英制品，广泛用于玻璃、铸造和建筑业等。

金刚石也是海砂中的重要资源，虽然南非“戴梦德”矿业以出产大颗粒钻石而闻名，但是全球90%的工业金刚石是从海砂中提取的。海边的金矿也为数不少，著名的阿拉斯加诺姆砂金矿，就是长期海浪作用后形成的高品质砂矿。

钒和钛都是重要的金属材料，可用于航空航天等尖端科技领域。而世界上一半的钒、钛资源来自海砂矿。

中国有漫长的海岸线，滨海砂矿丰富。辽宁瓦房店是我国主要的金刚石产区，由于水流的剥蚀作用，陆地上很多金刚石被冲入当地的复州湾，淹没在水下。目前勘探结果显示，瓦房店已探明的金刚石储量约为1 200万克拉。

科学家对山东半岛浅海碎屑进行了长期研究，已经发现了铁钛矿、石榴石、锆石、榍石、电气石等重要矿石。海南岛东部滨海区则是极有潜力的锆钛砂矿开采区。

海砂矿一般都集中在浅滩，挖掘和运输都方便得多，不需要在深山老林里面铺路，这是海砂矿的又一大优势。

由于近年来中国的建设需求猛增，国内矿产资源不够，最近也开始大量进口海砂矿。来自印度尼西亚、菲律宾和新西兰的海砂铁矿，是我国大宗进口的海砂矿物，品相十分优良。

截至目前，中国沿海已探明的海砂矿物有60多种，总量约16亿吨。虽然滨海砂矿资源不少，但是我国海砂开采业起步很晚，并不发达。长期以来，不少砂矿都被当成普通海砂用于生产建筑材料。

海砂矿通常是几种资源混在一起，限于技术，很多地方只能采集其中一种，而将其他矿藏作为废料抛弃。海砂虽然很丰富，但也是典型的不可再生资源，尤其是在某个具体位置上，采一点就少一点。现在还没有多少人关注海砂资源，但是由于全球使用量不断攀升，在不远的将来，人类是否会面临海砂短缺呢？

美国作家拜泽尔最早关注这个问题，他经过调查发现，在南非、肯尼亚和墨西哥等国家，都有因争夺海砂矿导致的死亡事件。这充分说明这一行不仅有利可图，甚至是有暴利可图。好在我国对境内海砂矿产的开采有严格的监管，每年都会查获数百起此类案件，有效地保证了海砂矿业在我国的健康发展。

海砂矿既有远大前景，也有现实问题，希望本书读者能够从中找到自己的科研方向。

08 锰结核

1872年，英国“挑战者号”海洋调查船从深海捞起形似瘤子的矿石，因其主要成分是锰的化合物，所以把它称为锰结核。

直到第二次世界大战前，海洋科学家不断从深海海底捞出锰结核，但都未予关注，因为当时陆地上锰矿和铁矿还很丰富。第二次世界大战后，随着经济开发的速度加快，金属需求量猛增，且锰结核中除了铁和锰以外，还有很多稀有金属，于是在1959年，美国科学家梅罗公布了第一份锰结核商业开采前景报告。从那以后，海洋科研大国开始把锰结核当成研究重点。

在锰结核当中，锰占25%，铁占14%，此外还有镍、铜、钴等金属。除了铁和铜，其他金属在陆地上都比较少见。锰结核恰恰填补了陆地金属矿藏的空白。以美国为例，由于锰矿全部都要进口，其一直着力于深海锰结核的研究。

以目前的年消耗水平来计算，海底锰结核中的锰约可供人类使用3.3万年，镍约可以供人类使用2.5万年，铜可以供人类使用近1 000年。金属材料并非消耗品，大多可以回收再利用，所以人类不用把它们都挖出来，就可以丰富自身金属材料的仓库。

还有一个因素让锰结核显得更有价值，就是它几乎全都分布在公海里，没有领海和专属经济区带来的法律纠纷，更不属于任何个人。在国际海底管理局的协调下，先驱投资者都划分到了大片勘探区。

海水中各种金属氧化物沉降到海底，在电子引力作用下聚集成块，便形成了锰结核。由于海水成分都差不多，所以锰结核广泛分布在大洋深处，有的地方每平方米就有几十公斤。如果这是在陆地上，完全不用炸山挖洞找矿脉，直接捡起来就行。

大洋盆地地形非常平坦，水流也很缓慢，锰结核就这样到处散布着。开采时，只要把船停下来就行，其中最大的障碍只是深海处的水压，以及海水对设备的腐蚀。

各国相继进行过很多次锰结核的试采，有的使用链斗式采掘机，就像农村用的水车那样，把锰结核挖上来；有的使用水力升举法，把锰结核连泥带水从深海里吸到船上；有的使用高压空气把深海的锰结核吸上来。

虽然试采者很多，但都是在海洋调查船上进行的，采集量很小。真正能够执行商业化开采任务的船，只有中国建成的“鹦鹉螺新纪元号”深海采矿船。这艘船为了便于架设和使用开采设备，制造得很宽，达40米，长为227米，停在海面上像一个平台。它通过提升泵把锰结核吸上来，再进行分离，满载量可达39 000吨。

任何工业生产的第一步都很昂贵，等到产能提高，成本就会下降。制造这艘船的马尾造船厂表示，“鹦鹉螺新纪元号”成功后，会带来100艘的订单！大洋深处将形成一个采矿船队。

现在，“鹦鹉螺新纪元号”还必须自己将矿物运回来，这时就要停止开采。将来有可能建设专用船队，从采矿船那里转运矿物，这样采矿船就可像钻井平台那样持续作业了。

09　富钴结壳

大洋底部不光有广阔的盆地，还有巍峨的海山，尤其是太平洋，集中了全球大部分海山。由于水流作用，淤泥不会附着在海山上，所以海山地区大部分是光秃秃的岩石。

海洋中的金属氧化物往下沉降，如果遇到盆地，就形成锰结核；如果遇到海山，就会附着在上面形成一层壳。它的成分和锰结核差不多，只是钴的含量要高出三四倍，所以又叫富钴结壳。

由于海山形状各异，富钴结壳不像锰结核那样平均散布，有的地方厚，有的地方薄。厚度不足0.5厘米的只能叫“结膜”，0.5厘米到1厘米之间的叫“结皮”，超过1厘米的才叫“结壳”。

从开采角度讲，当然是越厚越好，这就需要大规模的海底调查，寻找富矿区。太平洋下面的海山系统十分庞大，我国探测器曾经挖到过30厘米厚的结壳，日本也曾经找到半个东京大小的富钴结壳矿。

钴被广泛用于电池、超硬合金和陶瓷等的产生，被称为“工业的味精”。特别是新能源汽车正处于普及阶段，制造量会飞涨，而其电池的重要原料之一就是钴。

然而，中国钴资源只占全球的1.1%，却在使用着全球三分之一的钴。相反，海底富钴结壳中的钴储量是陆地钴矿的十几倍。所以，我国对富钴结壳很感兴趣，“蛟龙号”深潜器出海的一个使命就是寻找这种宝贝。另外，富钴结壳里有很多稀土金属，它们也是高科技领域必须用到的材料。

不过，锰结核就像土豆一样散布在泥里，容易开采，富钴结壳却生长在岩石上，需要把它们敲下来。现在做资源调查，人们使用浅钻和抓斗来获取富钴结壳，将来还需要设计出专门的生产工具。

海底世界除了这两种最普遍的矿藏，还有多金属硫化物和多金属软泥，两者都出现在海底地壳薄弱处，那里喷出很多海底热液，其中含有大量的硫。硫与金属元素反应后，形成硫化物保留下来。多金属软泥也来自海底喷出的热液。由于这个原因，这些资源年年生长，是典型的可再生资源。

金属硫化物和多金属软泥中，锰、铅、锌的含量都相当高。此外，多金属软泥中富含稀土矿物，是陆地稀土矿物的800倍。日本东京大学佐藤团队在太平洋1 000多万平方千米海域里进行试点勘探，发现了广泛的稀土矿物。以日本目前的使用量，约1平方千米金属软泥里的稀土元素，就够日本使用一年。

金和银这两种贵金属，在多金属硫化物和多金属软泥中也有很高的蕴藏量。所以，上述这些都被称为战略性矿产资源。与锰结核一样，这三种金属矿藏也主要分布在公海海底，不涉及各国主权和私人产权，没有法律纠纷的困扰。以钴为例，我国超过90%的钴矿要从非洲不稳定地区进口，经常受当地战乱的影响，但是在海洋里不存在这个麻烦。

10　最生态的开发

向海洋要无机资源，还有一个重要目的，就是恢复陆地生态。

第二次工业革命后，各种矿业开发破坏了绿水青山，使得大地千疮百孔。当时，由于技术平台限制，人们只能开发陆地矿产。不久的将来，人类转向海洋要矿后，这个局面就会彻底改观。

这里需要介绍“生物量”的概念，它是指某一时刻单位面积内生物物质的总量。这个单位面积可以用“平方米”“平方千米”作标准。通过比较，人们可以发现在“森林”“草原”“沙漠”“海洋”等各种环境里生物量谁多谁少。

当然，科学家不可能把所有生物都称量一遍，目前对于生物量的研究还都属于间接估算。大体来说，陆地植物占了总生物量的82%，其次是细菌和真菌。海洋虽占地球表面的71%，但其生物量却刚刚超过1%。

海洋这么少的生物量，有四分之一生活在近海。人们会从电视节目中看到水下摄影镜头，海底生物云集，鱼类畅游。但那都是近海的情况，远海大洋里有很多生命禁区。而锰结核与富钴结壳，恰恰都位于这些地方。

海洋生命所需要的养分，或者从陆地上冲下来，或者由海流从海底卷上来。受海陆交界影响，近海波涛汹涌，海流强劲，水质混浊，营养成分也高，成为生物富集区。离陆地越远，海水越平静，海水也越深，底部营养成分就越难带到海表，所以这些地方的生物量都很小。

美国的海星探测器是一颗用于观测海洋中叶绿素含量的卫星。自发射以来，一直在观测“海洋沙漠”的面积，这些海域的生物量小于陆地上沙漠地区的生物量。以南太平洋亚热带环流区为代表，世界上“海洋沙漠”的总面积已经达到海洋总面积的56. 3%。而这些地方恰恰以大洋盆地为主，是金属矿物的主要开采区。在这里采矿，相当于在塔克拉玛干沙漠中心采矿，对生态的破坏程度最低。

不仅如此，深海采矿甚至有吸引海洋生物的能力。通过绞吸海底矿物，抛弃冶金废弃物，将一潭死水变活，使底部营养物质得以流动。人类遗留的海底沉船一直是微型生物聚集区，深海采矿也会带来类似的效果。

陆地矿产还有产权问题。大量的矿山和油田都是有主资源，开发者和产权所有者之间围绕产权交易产生很多麻烦。大洋盆地是公海，开发这里的资源，至少不需要付工地使用费。

陆地矿区往往毗邻人类居住区，无论开采还是运输，都会给周围带来污染。大洋盆地无人居住，在那里采矿不会带来这些问题。

深海矿物的产品几乎可覆盖所有陆地金属，不仅可以满足人类增加的对金属的需求，或者降低矿产价格，更是对陆地矿物的替代。增加海矿，逐渐封闭陆矿，恢复植被，对增加地球生物量有巨大意义。所以，深海采矿还应该作为环保产业予以扶持。

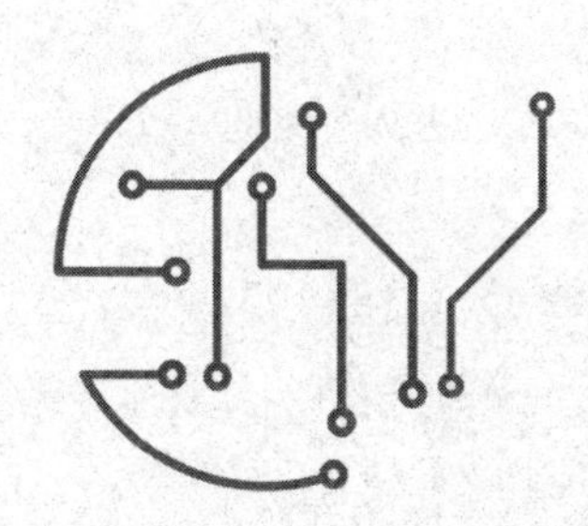

第四章 蓝色粮仓

靠山吃山，靠海吃海。然而近几十年，海产品正在大规模进入内陆市场，以至于许多内陆地区的消费者买到海产品后，还要先在网上查查烹饪方法才会享用。

人在趋海移动，海产品却沿着相反的方向“入侵”人们的餐桌。当人们提到“粮食安全”时，很少有人意识到海洋正在其中扮演着关键角色。

01 海滨植物

除了无机资源，海里还有很多活的资源，那就是海洋生物。

如今，包括海产品在内的水产品，已经占据人类食物总量的三成。尤其是中国，要保证食物供应，海洋是重要的发展方向。下面就让我们从海岸线开始，由浅入深，由表及里，依次考察海洋生物资源。

放眼海岸线，那里盐碱度高，传统农作物难以生长，传统农业从来不使用这些土地。然而，那里生长着很多有用的海滨植物，其中一些甚至就生长在海水里。当我们由陆地向海洋考察时，首先就是那些不起眼的海滨植物。

红树植物是最著名的海滨植物，包括红树、海莲和木榄等。由于有泌盐机制，红树植物可以过滤掉海水中的盐分。不过红树植物都是喜盐植物，只生长在高潮区和低潮区之间的潮间带上，海潮够不到的地方，也没有它们的踪影。而且，红树植物也不像海藻那样全身泡在水里吸收营养，它们仍然要把叶子伸出水面。

红树植物目前以野生为主，并且很多红树聚在一起，形成红树林，这种生态系统的重要作用是防护堤岸。印度洋大海啸时，就有临海渔村受到红树林的保护而幸免于难。特别是海平面上升、海侵现象日益严重的今天，这种作用非常重要。

同时，红树林还是近海污染的重要净化者。由于临近人类居住区，近海承受了陆地排入污染物的90%。红树林拥有很大的生物量，比起裸露的沙滩和岩石，其净化能力要大得多。此外，红树林里还能养蜂，其营养物质可转化成蜂蜜供人类使用。

由于历史原因，我国红树林受到砍伐，目前仅占全球的0.1%。今后，大力恢复沿海红树林是海洋开发的重要内容。

海马齿的形态很像陆地上的马齿苋，只是生活在海边高浓度盐水里。海马齿不仅能食用，还能作为护堤植物。福建莆田后海围垦管理局已经试种出2 000平方米的海马齿，可作为蔬菜和景观作物。

2019年，袁隆平团队开发的海水稻亩产超过1 000千克，海水稻本身就是一种野生海滨植物。科学家通过海水稻与普通稻种杂交、选育，培养出可以产业化种植的海水稻。

海水稻生长在一向被认为是农业禁区的滩涂，每增加一亩海水稻，就节省一亩传统良田，这是海水稻的重要价值所在。并且海水稻可以直接引海水灌溉，又节省了宝贵的淡水资源。

海水稻即使被海水淹没大部分，水退后仍然能生长如初。这使得它有与红树林类似的生态保护功能。野生海水稻比红树林少得多，通过大面积人工种植，可以起到环保作用。

除了这些大宗海滨植物，沿海岸线还生长着很多有用植物，有欧洲人常吃的海甘蓝和西洋牛蒡，中国沿海居民用来炖菜的马康草，能做调料的辣根草等，这些都是海岸对人类的馈赠。

所有这些海滨植物都有不占用传统良田、节省淡水资源的优势。我国人均土地和水资源远低于国际水平，大力发展海滨植物，向海水要粮食、蔬菜，是海洋科技的又一重要课题。

02 藻类资源

“靠山吃山，靠海吃海”，在交通发达的今天已经成为老皇历。重庆这样的内陆城市，已经建成规模很大的海产批发市场。一些高档餐厅甚至能通过空运，从世界各地运来海鲜。海产品在中国人的餐桌上逐渐占有更多份额。

如今，中国人已经不用担心饥饿，反而关注“三高”，关注健康饮食。海产品相对于陆地上的动植物营养价值更高。过去由于运输条件限制，只有滨海居民才食用海货，如今在各地餐桌上“以海代陆”，成为一个长期化的趋势。

单纯以重量来计算，海藻在海产品中占有极大份额，它包括海带、紫菜、裙带菜、石花菜等许多品种。由于它们可以晒成干货保存，很早就能从沿海输送到内陆，人们也熟悉它们的食用方法。

除了直接食用，海藻还是重要的工业原料，海藻糖就是典型。它和蔗糖一样，在人体内可转化成葡萄糖被人体吸收。海藻糖用于食品工业后可以替代蔗糖，从而减少对土地和淡水的依赖。海藻糖还可以用在医药和化妆品行业中。

很多国家都以海藻为原料，用发酵法提取海藻糖，虽然远比不上蔗糖的产量，但其增长速度快于蔗糖。现在海藻糖的年产量已接近5万吨，预计到2024年，海藻糖的年产量能接近8万吨。

海藻的加工品不仅有糖，还有盐，那就是海藻碘盐。海藻碘盐是预防地方病的优良食品添加剂。

甘露醇也是重要的海藻制品，它在医学上可以用作降压药、脱水剂和利尿剂。它还是蔗糖的替代品，可用来制作糖尿病患者的食物。海藻还能用于提取褐藻胶、琼胶和卡拉胶，它们在科研和食品工业上有广泛用途。

海藻及其产品不仅可供人类使用，还能制成海藻肥。海藻肥是一种复合液体肥料，其核心成分就是从海藻中提取的营养剂。

一些地方由于过度施用化肥，对土壤环境造成了很大的污染，还影响农作物的品质。海藻肥的原料来自海洋，营养成分全面，是传统化肥的优质替代品。

农业农村部曾经推出“沃土计划”，鼓励农民用有机肥代替传统化肥。海藻肥就是用科技手段制作的优势有机肥。另外，藻类还可以制成饲料供家禽家畜食用。藻类饲料富含矿物质和微量元素，能够提高动物的免疫力。

中国是全球头号海藻生产国，最多时占全球78%的份额！从20世纪50年代开始，中国就对海藻进行人工养殖，并在滨海城市兴建以海藻为原料的企业，将海藻转化成各种食品、医药品和日用品等。

20世纪70年代以后，我国依靠从海带里提取的碘生产碘盐，结束了碘缺乏的历史，让人民群众的健康水平提高了一大步。长期以来，我国都是藻胶、琼胶和卡拉胶的最大出口国，可以说，围绕海藻的工业链是我国的独门利器。

03 鱼类资源

其实，如果提到海产品，人们的第一反应就是鱼。2019年，全球人均吃掉20.5千克的鱼，创下了历史纪录。统计表明，鱼正从餐桌上挤掉其他各种肉类的份额，而且这个趋势还会继续保持下去。相对于各种家禽家畜，鱼的营养价值更高，而且通常也没有能传染给人类的传染病。

家禽家畜的饲养本身会带来巨大的碳排放，其排放量约占温室气体总排放量的18%，超过了运输业。家禽家畜的排泄物也是重要的污染源。在中国，畜牧养殖业每年排放的废水超过100亿吨，比工业废水和生活废水排放量的总和还要多。所以，多食用一份海鱼，就减少一份陆地饲养业带来的污染。

由于烹饪方式不同，中国人更喜欢吃淡水鱼。而在全球渔业中，海洋渔业的捕获量是陆地的7倍！近几年，中国人也开始食用三文鱼、金枪鱼等海洋鱼类，这个趋势还会发展下去。目前，中国既是全球最大水产品生产国，又是最大的水产品出口国，还是最大的水产品食用国。

由于滥捕滥捞，海洋渔业资源曾经濒临枯竭。从20世纪中叶开始，世界各国陆续出台了渔业管理相关法规，制定出休渔、限渔政策，把海洋渔业资源逐渐从枯竭中挽救过来。

到目前为止，人类渔获量的78%属于可持续利用种群，也就是说，人类的捕捞量不影响它们的生存和繁衍。当然，剩下的22%仍需要通过法律来约束。

尽管吃鱼的人越来越多，但是到目前为止，鱼类蛋白质仅占人类蛋白质摄入量的六分之一，还有很大的增长空间。在印度尼西亚、斯里兰卡等国，鱼类已经占到肉类食物的半数。

能直接把无机物变成有机物的生命称为生产者。在海洋里，表层海水中的浮游植物便是生产者。它们以阳光为能量，在体内制造营养物质。

浮游植物所形成的有机质，仅有1%能沉降到海底，绝大多数通过食物链转化到其他海洋生物体内，特别是中层鱼类，很可能是全球最大的蛋白质来源。它们位于100米到1 000米深的海水里，晚上到较浅的水层觅食，白天潜入深海以避免被鸟类捕食。由于这种习惯，它们并不住在很浅的近海，而人类90%的渔业是在近海完成的。

据估计，深海鱼约占全部鱼类的95%。由于长期生活在缺乏光线的水层，使得它们对光线和声音十分敏感，可以在几米之外侦测到人类的深海拖网，并加以躲避，所以深海鱼几乎未被大量捕捞。通过声呐研究，科学家不断提高深海鱼的估计生物量，其总数已经提高到之前预算量的近10倍！

04 甲壳类资源

到川渝两地旅行的朋友，都会吃到名叫“香辣蟹”的菜肴，因为是纯正的川菜作法，被人们称为传统美食。其实当地历史上并没有这道菜。“香辣蟹”所用的梭子蟹，产于中国沿海。随着商业和物流的进步，海货逐渐深入内陆，这道菜在20世纪90年代才出现在内陆城市成都。而梭子蟹是典型的甲壳类海洋生物。

按消费方式来划分，甲壳类水产品主要包括虾、蟹、龙虾和淡水螯虾等。陆地上与海洋中都有甲壳类动物，但是海洋中的个头明显更大。以巨螯蟹为例，它是现存最大的甲壳类动物，个别个体长达4米，重达几十斤。这种蟹在日本的餐厅里能够吃到。

由于饮食习惯不同，东亚渔民更习惯捕捞甲壳类水产品。中国早在20世纪50年代就成为全球头号甲壳类水产品海洋捕捞国。后来，中国又大力发展甲壳类水产品的养殖，如今的产量已经超过全球总产量的一半。

其实，中国人习惯吃的各种虾，都不是海洋里最多的虾类。在围绕着南极洲的南冰洋里，生存着数量最大的磷虾，名叫南极磷虾。最丰富的地方，每立方米海水中就有上万只。对磷虾的总量最乐观的估计有50亿吨，一般估计也有5亿吨。生物学家分析，只要年捕获量不超过5 000万吨，就不会影响当地的食物链。而现在人类每年消费的甲壳类水产品的总量也不过几百万吨。

笔者20世纪80年代就从科普节目里听过磷虾的大名，当时它就被称为人类最大的蛋白质库。但是由于中国当时鲜有渔船到达南海，直到近几年才从进口海产品市场上看到磷虾的影子。

南极磷虾个头小，卖相并不如我们习惯的其他虾类，它更多是用来制作加工食品。另外，欧洲远洋渔船直接加工南极磷虾油，这些虾油在市场上是畅销的保健食品。

大家食用虾蟹，都会感觉剥壳很麻烦，壳的重量在虾、蟹里占到相当比例。其实，壳还是一种重要的原料，可以用来提取甲壳素。甲壳素是一种与植物纤维素结构非常类似的高分子聚合物。在工业上，甲壳素有着广泛用途，包括制作纸张、杀虫剂、鱼饲料、化妆品等。医疗上，甲壳素还可以用于制作隐形眼镜和人工皮肤。

最神奇的是，甲壳素纤维有抑菌性，90%的细菌不能在上面生存。所以，人们把甲壳素纤维与普通纤维混纺，制成婴幼儿专用服装。

甲壳素普遍存于节肢动物的外壳中，地球上甲壳素的生物合成量每年可达几十亿吨，仅次于植物纤维素。陆地上的昆虫就富含甲壳素，但是用昆虫的壳作原料，远没有用虾、蟹的壳作原料来得方便。所以，虾、蟹除了食用之外，其壳还是甲壳素的主要工业原料。

目前，我国已经用虾、蟹壳为原料制造出环保生物农药、功能型肥料、果蔬保鲜剂等产品。用它们替代毒副作用大的化肥和化学农药，让海洋生物为陆地农业服务。从甲壳素中提取的壳聚糖，广泛用于止血和人体组织再生修复，在抗肿瘤方面也正在显示其效果。壳聚糖还可用于制造上百种保健食品，而且正朝着普通食品原料转化。

05 软体动物资源

走进海鲜餐厅，可以吃到鱿鱼、牡蛎等。虽然它们的样子十分不同，但却同属于海洋软体动物，是人类最早食用的海洋动物之一。

以体量而论，鱿鱼是软体动物的代表。中国目前有600多艘远洋鱿钓船，年产量50多万吨，相当于全球鱿鱼产量的五分之一，已经十多年位居世界第一。尽管如此，由于中国的鱿鱼消费量巨大，仍然需要从国外大量进口。

鱿鱼不仅可供食用，还可作为工业原料。鱿鱼皮含有大量胶原蛋白，一旦能够工业化提取，在医疗、保健和美容等方面会有广泛用途，高品质的胶原蛋白还可以制成摄影材料。目前，鱿鱼皮加工的实验室研究已经展开。

常被丢弃的鱿鱼内脏可以与米糠混合起来，作为饲料供鱼虾养殖用。鱿鱼内脏含有油脂，经精加工后还可以制成保健品。

鱿鱼最有特色的产物莫过于它的墨汁，鱿鱼墨囊占其全重的1.3%，个别国家如日本和意大利，有在食物中将鱿鱼墨汁作为配料的习惯。食品公司进一步将鱿鱼墨汁开发成天然色素，推出黑色食品。

另外，很多人都知道水母有毒，但这些毒素可以用于制造杀虫剂，并且在抗肿瘤方面有效果，这成为海洋软体动物的独特价值。

大部分海洋软体动物在捕捞后被食用，也有被用于装饰的，珍珠贝类和珠母贝类体内的珍珠就是代表。50多年前，浙江诸暨市开始人工养殖珍珠蚌，现产量可占到全球总产量的70%，成为无可争议的世界珍珠之城。劣等珍珠不能做珠宝，但可作它用，如有些珍珠层较厚的贝壳可用来制作纽扣。

在饮食行业，贝类一向是高端食材。外国的牡蛎、中国的象拔蚌都是贝类中的翘楚。随着人们健康意识的提高，年轻一代对贝类的喜爱更胜，贝类已经走下“云端”，成为夜市上的普通食材。

贝类被食用完之后剩下的贝壳也是工业原料，可用来制造贝壳粉。和石灰石一样，贝壳的主要成分也是碳酸钙，研磨煅烧后就能制成贝壳粉。它比石灰粉细腻，用于内墙装饰时，可以加工成很多图案，而石灰粉只能作石膏。

贝壳中还含有甲壳素，有抑菌作用，贝壳粉刷过的内墙环保价值更高，可以洁净空气，消除异味，防静电。并且，贝壳粉的使用寿命长达20年，普通石灰粉相比之下更容易脱落。

一些地方小吃如湖南的米豆腐，需要使用碳酸钙加工，用贝壳粉会减少毒副作用。贝壳粉还可以用作食品中的干燥剂。

目前，世界软体动物总产量已突破2 000万吨。中国在这个行业中的位置如何？没错，仍然是绝对的世界第一。1950年中国只占全球软体动物产量的5.89%，而现在占比已超过60%。

06 海兽资源

在人类尚未诞生的地质年代，一批哺乳动物的体型在进化中适应了海洋生活，重新下海，成为海兽。它们也曾经是人类在海洋中获取的重要资源。

在海兽群体中，鲸和海豚到处游走，最早为人类所熟悉，中国古代就把它们统称为“大鱼”。由于体型庞大，行动灵活，人类并不容易捕获它们。直到第一次工业革命来临后，大量蒸汽帆船下海，才兴起了捕鲸业。这个行业的从业者通常也捕捉小一号的海豚，只是因为并非主要产品才不叫捕豚业。

工业革命不仅带来了更高的捕捉能力，对鲸鱼也出现了更广泛的需求。在电灯出现之前，西方城市的街灯普遍燃烧鲸油，因为它不易生烟。鲸油还是良好的机器润滑剂，还可以用来制作唇膏等日用品。鲸骨制作成骨粉成为农业肥料，鲸皮用来制革。

当时，美国占据世界捕鲸业的70%，沿海兴起不少以捕鲸为业的小城镇。文学名作《白鲸记》就是这个时代的写照。进入20世纪后，捕鲸业的主力换成日本，他们还形成了食用鲸肉的习惯。直到今天，日本仍以科研为由继续捕鲸。

中国在20世纪50年代加入了捕鲸业。笔者小的时候还读过一本连环画，讲的是中国捕鱼船如何在海上作业。当时，捕鲸船都使用柴油机，配备压缩空气标枪和高压蒸汽炉，从捕捉到提取全流程一体化。直到禁捕令颁布前，中国共捕捉到1 600多头须鲸、数百头虎鲸与海豚。

海豹和海象这些海兽远离人类主要居住区，只有北极的因纽特人将它们作为主食。后来，南方探险家纷纷北上，开始捕捉这些海兽。这些生长于北极地区的海兽，体内油脂和体表毛皮都比其他兽类丰富。

海牛肉吃起来类似牛肉，因此也成为捕捉目标。20世纪30年代至50年代，各国捕捉了约20万只海牛。与它们相比，海獭个头很小，但因为毛皮珍贵，一度也成为捕捉目标。

进入20世纪，海兽猎手配备了现代枪械，导致海兽数量大幅度锐减。另外，石油产品逐渐替代海兽的油脂，除一些北极圈原住民外，其他地方的人都放弃了吃海兽的习惯，于是从20世纪中叶开始，各国纷纷出台法令，禁止捕捉海兽。中国也将海兽列为保护动物，有些地方还为它们建立起自然保护区。

作为哺乳类，海兽的学习能力超过其他海洋动物。所以，有人利用海兽来表演。另外，还有个别海兽被训练作军事用，完成侦察和布雷等任务。

如果仅限于此，海兽几乎不能算成一种资源。不过，海兽易于训练的天性，使得人类尝试着将它们驯化，建设海洋牧场。以蓝鲸为例，它们在斯里兰卡附近海域已经形成了固定的洄游地，近似于半牧养状态。而饲养鲸的目的也不再是油和肉，而是鲸奶。雌性蓝鲸每天能产数百公斤高脂奶，只是由于难以获取，这方面进展比较缓慢。

07 海洋微生物资源

地表绝大部分黄金不在陆地上，而是溶解在海水里，据估计有1 000多万吨。据世界黄金协会统计，到目前为止，人类在陆地上已开采出约19吨黄金，剩余的探明储量也只有5万多吨。

现在，人们已经发明出从海水中提炼黄金的吸附带，当海水流过吸附带时，黄金以离子形式被吸附在上面。每隔一段时间取下吸附带，便能提取出上面的黄金。这条神奇的吸附带，靠的就是用遗传工程改造过的海洋微生物。

由于不能直接充当食物，海洋微生物只有工业用途，这也是人们对这些小家伙不熟悉的原因。海洋微生物的一个重要用途是生产低温酶。陆地来源酶多在高温环境下起作用，人类使用酶进行发酵，都要保持一定的温度。而海水，特别是不见阳光的深层海水是低温环境，南北极地区更是典型的低温环境，90%的海洋微生物都是嗜冷微生物，生活在这些地方的大型海洋生物，其体内的酶也要在低温环境里运作。目前提取到的某些海洋低温酶在零度环境中仍然能起作用。

工业上使用普通酶一般都需要加热，以促进酶的活性，使用低温酶的好处就是节省了这些燃料。工业上使用酶作催化剂时，经常会滋生其他无用的甚至有害的微生物。如果产品是食品，制成后还要进行高温灭菌，以避免污染。如果使用低温酶，在低温环境下进行发酵，那些有害微生物就不容易伴生。到目前为止，低温酶的使用还处于实验阶段，但其有着广阔的应用前景。

有些海洋生物附着在船舶和人工设施表面，导致船体、设备污损。为清除这些生物，以往一直使用有机金属防污剂。由于这些防污剂对海水有严重污染，现已陆续被禁用。作为替代品，人们从海洋真菌里提取天然产物来清除海洋污损生物，这是海洋微生物的又一个用途。

生产天然产物除草剂是海洋微生物的另一重要用途。杂草每年导致粮食减产约34%，为了清除它们而生产的除草剂，约占化学农药使用量的70%，这些除草剂都有不同程度的毒副作用。中国农业科学院烟草研究所已经从海洋真菌中提取出有除草效果的生物化合物，并开始实用性实验。

从宏观角度讲，海洋微生物还对抑制温室效应有重要作用。我们来到海边，会闻到一种特有的海腥味，那是二甲基硫化物的气味。它也是典型的气候冷却气体，可以增加大气中的云滴，阻止阳光透入，让大气降温。

最初，人们认为二甲基硫化物产生于海草。中国、英国和新西兰的一些海洋学家研究表明，沿海海泥中的微生物才是二甲基硫化物的主要来源。如何利用海泥为地球降温，是海洋科学的又一前沿课题。

08　医药宝库

提到海洋生物的用途，读者通常会联想到吃。其实海洋生物和盐一样，主要用途也正在从餐桌走向工厂，其中一处就是制药厂。

20世纪30年代，世界上诞生了第一种海洋药物，名叫阿糖胞苷，是美国耶鲁大学科学家从海绵体内提取的，用于治疗白血病。从那以后，各国科学家研究了3万多种海洋生物的药用价值，“向大海求医问药”已经成为重要的科研目标。

海洋里细菌含量多，各种大型生物之间还会互相捕食，这种恶劣环境刺激着海洋生物发展出各种化学防御方式来保护自己，这是它们具备药用价值的原因之一。

鲎是海洋药用动物的典型，它的血液呈蓝色，遇到入侵细菌就会凝固，以防止进一步感染。医学上就将鲎血作为试剂，可以检测溶剂中极微量的细菌内毒素，大大提高了检测效率。获取鲎血并不需要杀死鲎，而是用类似抽血的方式获取，然后再将活体放归大海。

我国海洋药物发展较晚，但追赶势头强劲。1985年，中国海洋大学管华诗院士就从海藻中提取出抗脑血栓药物。2019年，中国科学家研制的“甘露寡糖二酸”获得批准上市，功能是治疗阿尔茨海默病，这是世界上第一种治疗该疾病的海洋药物。

弗莱明发现青霉素的故事，相信大家都知道。人类从青霉菌中提取出第一种抗生素，大大抑制了传染病。青霉素和随后发现的各种抗生素至少使得人类的平均寿命提高了10年。

目前的抗生素大都取自陆地微生物，那么，能否从海洋微生物中提取抗生素呢？由于海洋里营养物质相对缺乏，一些海洋微生物往往会产生强烈的抗菌性，用来抑制其他微生物的生长。所以，海洋微生物也是抗生素的潜在来源。

科学家已经观察到海洋放线菌发酵液有明显的抑菌作用，通过筛选，科学家找出抑菌作用较强的菌株并进行测定，这些菌株有潜在的开发应用前景。2017年，我国第一种以海洋微生物代谢产物为原料的抗生素“怡莱霉素”，在广东省海洋药物重点实验室开始研发。

海洋微生物酶的作用机理与陆地来源酶有很大差异，从海洋微生物里可以提取到酶抑制剂，可以抑制某些陆地微生物蛋白质的合成，这对治疗癌症、艾滋病和血栓等疫病都有潜在的意义。中国科学家已经在上海附近的海底沉积物中找到一些阳性菌株，并从中提取出酶抑制剂。

虽然研究了成千上万种海洋生物，发现了不少药用成分，但是很多成分含量太低，如加工600千克海绵，才能提取出12.5毫克治疗乳腺癌的成分；1吨加勒比海鞘，才能提取约1克抗肿瘤药物。这种低含量的现状限制了海洋药物的产业化。

还有一个瓶颈，就是需将海洋生物弄到岸上才能进行加工提取。有些海洋生物会在途中死亡，有些只能冷冻运输，很多活性成分会在运输过程中丧失。

所以，海洋生物制药业有可能前移到海洋上，并与养殖业相结合。由于制药的设备不用占很大面积，产品附加值又高，有可能像海产加工船那样建造出专门的海洋制药船，让这些药物直接在海洋上生产。

09 生物质能源

过去农家烧的柴草，如今有了一个“高大上”的名字——生物质能源，它们年年可再生，并且燃烧时排放的二氧化碳是它们生长时从空气中吸收的，不会增加温室气体的总量。所以，人们希望生物质能源能替代从地下开采出来的化石能源。当然，不是像过去那样直接烧柴草，而是转化成电力、工业酒精或者生物柴油。

美国玉米和巴西甘蔗都是目前生物质能源的重要原料。然而中国缺乏耕地，要搞生物质能源，就得在耕地之外打主意，其中一个方向就是海洋。

首先是“盐土农业”，就是在海岸带上高盐高碱土地里发展起来的农业。人们曾经试图在这些地方种植食用作物，但是土地盐分高、毒素也多，种出来的作物食用价值有限。但如果种能源类植物，就不存在这个问题。互花米草是首选品种，它曾经作为固堤植物在我国海岸带上被大量种植。上海崇明岛就曾经大量引种，以至当地随处可见这种植物。互花米草可以完全使用海水浇灌，它的光合作用效率极高，一亩地最多可产6 000多斤！现在，人们用它制造纸浆，再用造纸废液生产沼气。

美国能源部在加利福尼亚沿海海底种植巨藻，用来提取天然气，成本只有传统工艺的六分之一。同时，巨藻还可以生产钾肥。由于巨藻成“林”，当地鱼类和贝类产量也随之大增。

不仅可直接提取燃油，瑞典乌普萨拉大学的科学家还用海藻中提取的纤维素制成一种电池，可以在几秒内完成充电。这种电池的功率明显小于锂电池，但已经能够用于小型无线电装置。

海藻送到燃料工厂后，要干燥后才能压榨，制作时间长，干燥过程也需要消耗能量。美国能源部实验室把海藻打成浆，送入化学反应器，再经过加工，生产出航空燃料，一小时就能提取到原藻油，比用烘干工艺节省了很多时间。

微藻也是能源材料，1平方千米微藻每年可固定50 000吨二氧化碳，是清除温室气体的重要力量。

目前，科学家正在研究将火力发电厂排放的二氧化碳用于养殖海藻，同时达到燃料生产和减少二氧化碳排放的双重目标。

微藻还可以用于制造生物柴油，转化效率是农作物秸秆的1.6倍。同时，养殖微藻还可节省大量土地和淡水。目前用于燃料生产的微藻叫作“工程小环藻”，是基因工程的产物。在实验室环境下，工程小环藻中脂质含量可达60%，户外条件下也可达40%。相比之下，花生的脂肪含量也不过40%～50%。工程小环藻没有食用价值，养殖就是为了制造生物柴油。

21世纪前，研究藻类能源的只有美国和日本，中国在最近20年才加入这个行列。不过，中国早就是全球头号海藻生产国，在养殖和加工方面颇具规模。目前微藻领域的专利数量，中国科学院、清华大学和新奥科技发展有限公司为全球三甲，中国发展藻类能源的潜力巨大。

10　海洋遗传资源

1977年，美国“阿尔文号”深潜器在大洋底部发现了喷出的热液，以及围绕热液生存的很多奇特生命，人类从此见识到一个奇特的生物圈，它完全不依靠阳光，而是以地热为能源，于是赢得了一个绰号——“黑暗生物圈”。

这些海洋生物生活在上百摄氏度的海水里，相当于承受着几百个大气压的压力，经年累月，体内形成了可抵御恶劣环境的生化物质。这些海洋生物耐高压、耐高温、耐饥饿，具有抗毒性。因为这些特性，它们有着潜在的药用价值。

不过，科学家并非要大规模捕捞这些稀有生物从它们的身体里提取药物，而是只捕获少数样本，提取其基因，用来改造其他生物。这就形成了深海中的一种独特资源——遗传资源。由于不需要大面积捕捞活体，获取海洋遗传资源并不影响这些海洋种群的生存。

海洋遗传资源不同于以上各种海洋生物资源，它的直接产品不是物质，而是知识产权。只有科研基础雄厚，并且知识产权交易发达的国家，这种资源才有用。全球很多国家都有渔民可以捕鱼捞虾，但是海洋遗传资源开发这场“游戏”，全球能参与的国家不超过10个。

中国科学家在没有深潜器的时代，只能租用国外深潜器到达洋底，当时也进不了这个“俱乐部”。现在，中国深潜器已经到达马里亚纳海沟，有能力覆盖所有洋底，调研海洋遗传资源成为它们的一项重要任务。单纯从专利数量上看，中国在海洋遗传资源方面已经位居世界第三，排在美国和日本之后。

在中国搞海洋遗传资源研究，一定要知道徐洵这个名字。这位出生在福建的女科学家是该领域的先驱者。早在20世纪80年代，她就从棘皮动物中克隆出名叫“Fibrinogen”的同源基因，这是科学史上第一次从海洋低等生物中克隆到人纤维蛋白原的原始基因。

20世纪90年代初，徐洵创办起中国第一座海洋遗传基因实验室，并在那里完成了我国第一个拥有自主知识产权的海洋工程菌。正是在徐洵和她的许多同行的共同努力下，中国在海洋遗传资源领域始终紧跟国际前沿。

不过，海洋遗传资源主要位于公海海底，法理上不属于任何国家，而是人类共有财产。如果一些国家先拿它们去赚钱，那些参与不了这场“游戏”的国家便会有意见。所以，目前国际上围绕海洋遗传资源正在展开法律上的较量。发达国家有高科技公司，希望先到先得，发展中国家不能直接开发这笔资源，希望形成补偿机制，而科学界则希望搁置争议，对海洋遗传资源先研究起来再说。所以从2006年开始，由联合国牵头，对这个问题进行了多轮谈判，在形成解决办法之前，海洋遗传资源还只具备潜在价值。

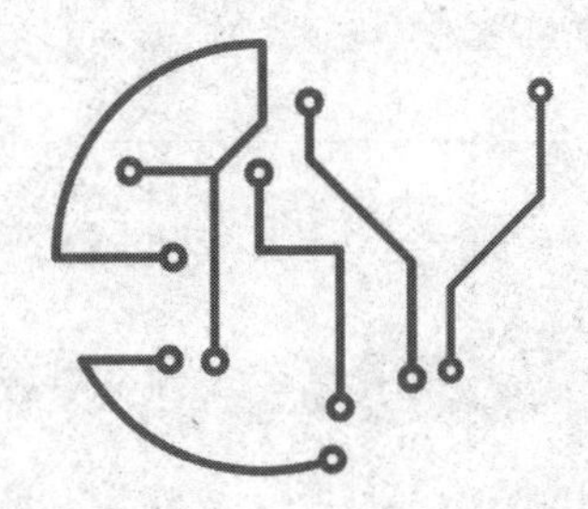

第五章　海洋工业

提到工业，人们就会想到宽大的厂房和高耸的设备。由于工业体量都很大，人们不敢设想把它们搬到海洋上去，更难想象这些海洋工厂可能成为工业的主流。

这一变革已经开始，即将在本世纪内完成。下面，就让我们看看今后在这个领域会发生什么变化吧！

01 陆上海洋工厂

现如今，人类工业体系仍然以陆地为主。几千年间，海洋除了航运和小规模的渔猎，就只形成了盐业这一种自影响力的工业。然而，大规模的新型海洋工业正在兴起，未来工厂本身更有可能建到海面上去。

当然，我们首先要介绍的仍然在陆地上但是全部原料都来自海上的那些工厂，或者以海洋为主要目标的制造业。

以盐为基础的工业属于海洋化工，是海洋工业的重头，以海水、海盐和海藻等为原料。这类工业产品遍布我们周围，很多产品并不能看出其海洋的痕迹，比如甲壳素纺织品，还有贝壳粉涂料。

为海洋开发提供装备，是比盐业更早产生的海洋工业，主要内容就是造船。从下水到拆解，一艘船的全部寿命都在海上完成。在手工业时期，中国曾经建造过世界上最大的远洋船只，那就是郑和宝船。中国船只总吨位曾经全球无双，第一次工业革命后，中国造船业曾一度落后，但在2011年中国又重新上升为世界第一。2021年，中国造船业完工量占全球总完工量的48.4%。

在船舶之外，为各种海洋工程制造部件成为新兴的海洋制造业。如海上风机或者跨海大桥桥梁部件有数千吨重，不亚于中等船只的质量。

几千年来，海产品都由渔民自行加工，方法只有风干或者盐渍等。现在，渔民会把海产品出售给新兴的海洋食品工厂。山东荣成自古就是渔业小城，从20世纪90年代起，荣成人就开始用工业化手段加工海产品。当地传统的鲅鱼和海带，都是食品工厂的主要原料，甚至在金枪鱼这样一个在中国没有消费传统的鱼类上，荣城居然有全球规模第一的加工厂。

在不久的将来，一个新领域会加入海洋产业，那就是海洋矿物的浮选。一旦人类从海洋中开采出锰结核、富钴结壳和多金属软泥，需先将它们粗加工成适合冶炼的形状。每次把几万吨矿物运回海边，还要堆积浮选后的废料，远不如在大洋开采点上直接浮选，然后运回矿物，再把废料原位倾倒更经济。

目前，海洋工厂几乎全都建在陆地上，这就产生了运输问题。与设备相比，原料的质量无疑大得多，把原料从海上运到陆地上再加工，还是把设备搬到海上生产，显然后者的运输量要小得多。有些以海洋生物为原料的工业需要新鲜原料，而且越新鲜越好。

就产品质量而言，有些海洋产品的质量与原料相比压缩不多，但是如海洋制药，还有从海水中提取金、铀和锂等，成品质量还不如原料的万分之一，与其把原料运入工厂再提取有用物质，不如直接在海上提取。要实现这个目标，一是设备体积必须缩小，二是海上制造平台必须扩大。当两者达到平衡后，一座座陆地上的海洋工厂就会下海远航、追逐资源。

02 海洋工程

2018年10月24日，港珠澳大桥正式通车，刷新了包括总长度、最长沉管隧道等多项世界纪录。港珠澳大桥是海洋工程领域的重大突破。

理论上讲，任何建筑主体位于海面上的工程都称为海洋工程，它们的共同特点是有相当一部分需要在海水下面施工，这就需要以对海洋的认识为前提。跨海大桥因为是公共设施，容易为人们所熟悉，而海上仓库、海底仓库、海底电缆等，人们平常看不到但它们却在发挥着重要作用，全球互联网的重要干线中很多是海底光缆。前面介绍了很多海洋无机资源和有机资源，它们大多需要海洋工程参与其中才能达到合理利用的目的。

如果从位置来看，海洋工程多半是从陆地延伸到海面，或者与陆地有输电、交通等方面的连接方式的，这是人类跨越海岸线的第一步。在海洋上建机场是缺乏土地时的一种选择。20世纪80年代末，日本大阪关西国际机场完工，成为全球首座人工岛机场，如同《机器岛》中描写的那样，它由大量钢箱拼接而成。马尔代夫首都附近的海上机场，更成为该国的生命线。中国澳门国际机场是全球第二个完全靠填海建造的机场。大连金州湾国际机场正在建设中，有望成为全球最大的海上机场。

海上风机是最近暴发性增长的海洋工程，由于要建造在十几米到几十米深的海水里，海上风机必须用沉箱来固定，这些沉箱有的重达上千吨。风机在海上建造的成本比陆地上要高得多。

在海底建设仓库是海洋工程的新领域。这些仓库远离居民区，可以用于储存易燃易爆品。挪威就在海洋油田附近建造了坐底式油罐，直接把石油存在海里。美国也在波斯湾附近离岸100千米的海上建成贮油罐。

以海上钻井平台为例，它是海洋工程装备领域的皇冠，集各种海洋工程技术于一身。中国自产的海上钻井平台已经能在全球95%的洋面上工作，并且能抵御12级大风。搞工程建设必须有装备，海洋工程更是对装备的比拼，而中国同样以后来者的身份登顶。截至2018年，中国已经占据国际海洋工程装备市场的45%，排在后面的是韩国和新加坡。如果以吨位来计算，最大的海洋工程装备还不是钻井平台。早期，有些大企业在油价低迷时，直接用邮轮储油，并让其漂浮在海面上，一只邮轮的储油量可达几十万吨。但这还不是专业储油装备，现在人们已经开发出FPSO设备，即浮式生产储油卸油装置，是海上开采和存储油气的综合设备。

2019年，中国生产了一艘FPSO，既能采油又能储油，其吨位达到了辽宁舰的6倍，表面积相当于3个足球场的面积。这座平台既能处理石油，又能处理天然气，堪称“海上油气工厂”，目前已经交付给巴西使用。

所有这些海洋工程或通过线缆或通过公路与陆地相连，或其本身离岸不远。它们是人类跨越海岸线的必要步骤。

03 耕海牧洋

在大海上种植和放牧，听起来像是某种新型农牧业，但是它的大部分产品不直接销售给消费者，而是作为原料提供给工厂。海洋养殖从一开始就采用工业化规模生产，主体往往是企业而不是渔民，这使其具有工业属性。

巨藻是海洋养殖中产量最大的一项。虽然巨藻外形类似海带，但是其体型要比海带大得多。海带通常能长到2~3米，而巨藻可以长到70~80米！巨藻直接吸收海水中的营养，生长迅速，一天可以长几十厘米。如果温度适宜，每3周体型能扩大一倍。这样的生长速度，使其成为世界上生长最快的植物之一。潜水员站在巨藻中间，仿佛置身于森林之中。由于体型粗大，巨藻很少用于食用，而是用作工业原料，加工成各种胶类和糖类。用巨藻生产天然气，是它未来的重要用途之一。“弃陆向海”是本书的一个指导思想，某种陆地资源如果海里也有，就争取用它来代替陆地资源，以恢复陆地生态。巨藻将是化石能源的重要替代品。我国科研人员已经发明出潜筏式养殖技术，将巨藻的苗系在潜筏上沉入海底，或者系在潜绳上养殖。巨藻生长迅速，一年可以收获3次，亩产可达几十吨。

鱼、虾、蟹、贝这些海洋动物，是海洋养殖的另一个重点。特别是20世纪中叶海洋渔业资源发生枯竭，沿海各国都宣布了专属经济区，远洋渔业受到限制，人们便改捕为养。其实，这只是人类对陆地动物做法的延续。在陆地上，人类吃了几十万年“野味”，才开始有了畜牧业。

海洋养殖的技术水平也在不断提高。以前，人们把捕捞中无法直接食用的小杂鱼加工成饲养，投喂大型鱼类，这同样是对海洋渔业资源的消耗。如今，人们已经可以把昆虫和藻类加工成鱼饲料，用以代替小杂鱼。养殖比捕捞的技术含量更高，各国几乎都是先捕后养。中国也曾经在近海大量捕捞，到20世纪70年代近海渔业资源面临枯竭。从那时起，中国开始推动海洋养殖，现在中国已经成为全球海洋养殖王国，产量已经占到全球总产量的三分之二，并且品种更齐全。其他开展海洋养殖的国家只有几个优势品种，如挪威的三文鱼。中国有接近三分之二的海鲜为养殖品，远高于全球平均水平。

英国科学家的研究表明，全球有1 100多万平方千米海域能够养鱼，有150万平方千米能够养殖贝类。如果把它们全部用于养殖，海鲜数量会达到今天的100倍！由于世界人口已经接近顶峰，对食物的需求不会高到这种程度，所以在食物上“以海代陆”可能很快就可以实现。

如今，人类所食用的陆地动物的肉几乎全部来自畜养的动物。海洋养殖虽然经过了几十年的发展，但其产量仍没达到海产品总量的一半。未来十几年，全球海产品的供应量会翻番，其主要增量来自海洋养殖业。

04 海上食品加工

前面讲过，深海鱼有可能是人类未来重要的蛋白质来源，然而深海鱼虽然营养丰富，但和人类习惯食用的鱼类相比，它们长得奇形怪状，不仅卖相差，而且人们也缺乏相关的加工技巧。

另外，虽然陆地上专门加工海产品的工厂有很多，但原料需要从海洋里运回来，加工产生的废弃物也要找地方安置。综合这些问题，人们一直在研究如何制造特种船只，在海上直接加工捕捞品。

最早的海产加工船专门用于加工鲸类。鲸个体巨大，无法整体冷藏，捕捞后必须马上加工。苏联制造过392型捕鲸母船，长达200余米，吨位超过30 000吨，相当于第二次世界大战时航母的吨位。这种海上工厂可以续航25天，长期在海中作业。鲸由捕鲸船拖到母船身边，再吊运到甲板上进行处理，变成鱼油和鱼粉等初级产品，然后进入冷藏库。

捕鲸被禁止后，这些专门的加工船报废，代之以渔业母船。渔业母船在大海上接受渔获物，并将其加工成冷冻鱼、罐头、鱼粉和鱼油等，总计可达700多个品种，堪称小型海上工厂。

1971年，苏联还建造了人类历史上最大的渔船，取名“东方号”，其排水量高达43 400吨，相当于一艘小型航母。“东方号”本身携带有小型捕鱼船和中型拖网渔船，还有用来搜索鱼群的直升机，这使其更像一艘渔业母舰。到达作业位置后，“东方号”会放下这些小渔船进行捕捞，而其本身仍以加工为主，每天生产十几万罐鱼罐头。船上不光有冷库、起重机这些必要设备，还有电影院和医院，俨然一个小型社区。这艘船有超强的续航能力，可以到达世界各大渔场，进行持续几个月的作业。

2012年，海南宝沙渔业有限公司引进了一艘海产加工船，让国人领略到我国最大吨位、最高水平的“渔业航母”是什么样的。它的吨位达到3.2万吨，近600名工人在4个车间里工作，可以在海上连续作业9个月，加工能力高达每天2 000吨。

全球渔船有400多万艘，其中绝大部分都是十几米长的小船，缺乏冷藏、加工能力，只能在近海作业，捕捞后须迅速返回，并将渔货卖给陆上加工厂，其结果便是近海渔业资源的枯竭。如果这些海产加工船可以常驻大洋深处，就可以就近放出小渔船进行远海捕捞。

随着经济效益的提高，海产加工船有望越造越大，最终形成综合性大洋渔业基地。每艘船的排水量超过10万吨，并配备核动力，除了加工渔获物，还能制造淡水，给小渔船提供燃料、食物和淡水补给，甚至还能建文化娱乐设施，服务远洋渔民。每艘这样的巨轮可辐射上万平方千米海域，从而带动一大批渔船作业。

05　远岛开发

1686年，英国航海家戴维斯将太平洋上的复活节岛纳入世界视野。当时岛上人烟稀少，但却有很多巨像，这意味着岛上曾经有很多人口。后来的研究表明，岛上最多时有17 000余人，但是西方发现这里时，只剩下两三千人。

无独有偶，考古学家在塔斯马尼亚岛进行考察后发现，人类4万年前就曾踏上这个岛，但是由于海平面上升，塔斯马尼亚岛与澳大利亚隔绝，留下的原始人类不仅没有进步，反而倒退回更早的技术水平，甚至连捕鱼技术都忘记了。海洋上很多岛屿都形成了人类社区，但由于与世隔绝，成为现代文明中的孤立地区。虽然一般不会像上面这两个例子那样极端，但是它们远离人类工业中心地带，经济相对落后。近些年来，这些岛屿靠旅游业有了一定的收入，但是工业品几乎全部需要从外界输入。

以南太平洋为例，如果除去和印度尼西亚有陆上通道的巴布亚新几内亚，便只有200多万人，这些人散居在比中国还大的海域里，除了金枪鱼等极少数资源，当地经济只能靠旅游业支撑。然而，一旦海洋成为人类下一个开发目标，这些远岛反而会成为前哨站。

当深海锰结核开采形成规模后，与其把它们千里迢迢运往各地，不如在附近岛屿上建设冶金厂，加工成成品后再运输，这样更经济。海岛冶金厂也不再是占地广阔的大型金属联合企业，而是以电炉冶炼为主的企业，通过高端金属产品获益。

远岛渔业目前以捕捞为主，日后可以在浅滩处建养殖场，对海藻和海鱼进行养殖。当地原本有的食品加工规模会进一步扩大，以养殖品为主要原料加工食品，然后运往内陆地区。为了支撑工业，远岛将兴建大型发电设施。很多岛屿是露出海面的海山，附近没有平缓的大陆架，温差电站和洋流电站可以建在离海岛很近的地方。此外，为支持工业发展，当地已经有的海水淡化业都会扩大。

远岛中有不少无人岛，深海工业发展起来后，这些无人岛会被利用起来，成为危险品储存库、转运站，或者救援基地。一些质量小、运输压力小的原料和产品加工工厂可能会从内陆迁移，进入无人岛。

远岛人烟稀少，缺乏技术人才，需要从内陆引进大量工程技术人员，从而刺激当地居住设施的发展。这些岛群中仍有不少资源没有开发，这些资源将成为配套海洋工业的小型居住中心和疗养中心。

由于海洋工业具有高科技、高附加值的特点，海洋工业从业者收入高，对经济拉动能力强。当几十万内陆人员涌入远岛，会带动当地的经济发展。

随着海洋工业的进一步发展，科研院所和高水平大学也都会在远岛上兴建，远岛将从人类“后花园”一跃成为工业前沿阵地。

06 超大型浮体

到目前为止，我们谈到的海洋工业都以“据陆向海”为原则，它们主要在陆地上，只把其中某些生产环节移到海上。其工作人员平时生活在陆地，工作在海洋，尽管可能要工作一年半载，但他们仍然把陆地当成家园。

陆地上早就建成全套的生活设施，住宅、学校、医院、商场、娱乐设施一应俱全。目前的海洋工业虽然能为陆地赚钱，但还无法支撑完整的海上社区。比如从海水中提取铀这类技术，在实验室里早就成熟了，但是一直没有工业化应用，因为单独制造和运营铀提取船缺乏经济效益。如果把各种性质的海洋工厂集中在一艘超级巨轮上，从海水中提取铀只占用其中几个车间，那就具有经济效益了。

要实现这些目标，必须拥有比船舶和钻井平台大得多的人造空间。第一种设计便是超大型浮体，它来源于凡尔纳科幻小说《机器岛》。在小说中，机器岛由一系列钢箱连接而成，每个钢箱的面积有100平方米，一共26万个这样的钢箱，机器岛的总面积达26平方千米。机器岛的两侧各有上千万马力的巨型蒸汽机提供动力。

1924年，美国学者阿姆斯特朗正式提出超大型浮体计划，并以建立海上机场为目标。当时的飞机续航能力低，需要中途补给。人多地少的日本则把超大型浮体当成陆地的延伸，打造海上机场、浮动码头、石油储存库和垃圾处理场等。韩国的“首尔漂浮岛”也是依托陆地的超大型浮体，总面积达9 905平方米，是一处旅游设施。以上这些都是全人工产物，而不是吹沙填岛，或者围海造陆，这些设施整体浮于水面，已经有了超大型浮体的雏形，但它们都还没进入深海大洋。

建造超大型浮体相当于在海洋里搞工业园区，它会以深海矿产提取和冶炼为主业，兼备海洋渔产加工、陆厂转移、临时仓储、海洋科研、火箭发射等多种功能。如果面积足够大，还会有一部分专门用于建设防疫隔离医院、疗养院和旅游设施等。作为配套设施，则还有海洋发电厂、海上机场、移动码头等。这类超大型浮体将成为人造微型航运中心。

除了海洋强国，超大型浮体还是内陆国的福音。公海在理论上属于所有国家，但是内陆国没有出海口，享受这种权利时有障碍。一些内陆国家如哈萨克斯坦和埃塞俄比亚，都有一定的实力，可以建造自己的超大型浮体，终日在大洋上巡航，相当于新国土。

07 半潜式浮城

1977年，“007系列”推出了一部冒险电影《007之海底城》，大反派斯特龙伯格企图毁灭地表上的人类，在海底重建文明。这是海底城市题材的巅峰之作。此外，海底城市的构思还以配角的形式出现在各种科幻片当中，比如《星战大战1：幽灵的威胁》和《深渊》。科幻小说中就更多见了，从《第四纪冰川》到《海底世界》，不一而足。

所有这些作品不约而同地让海洋城市坐落在海底，可能是出于剧情需要，让它们藏在隐蔽的地方，也可能只是受到传统思维的束缚，以为只有踩在实地上才能生活。现实中建设海底城，意味着要承受巨大的水压，所以真实的海洋城市都使用半潜式设计。

同样想在海洋中扩展使用空间，超大型浮体是在平面上延展，而浮城方案则是在垂直方向上延展。它的水下部分大于水上部分，从而保证重心始终位于水下，不至于侧翻。不过，由于深入水下只有数百米，并不需要抵抗过强的水压，内部可以建造得很宽大。这样的浮城像是倒立在海中的摩天大楼，人员和物资都通过水上部分运进运出，再通过内部电梯进入水下部分，不需要增加新的潜水设备。水上飞机、各种气垫船或者大型船只都可以接驳转运。

由于要在垂直方向上增加体量，半潜式浮城的水下部分阻力增加，不便移动。所以，这类浮城更像超级钻井平台，平时很少移动，如果要移动，需要拖船拖拽。同样，由于位置相对固定，这类浮城可以使用温差发电和洋流发电，并且把规模搞得很大。比如，可以将叶轮扩大到直径10米以上，横排放入洋流中。虽然机动能力不如超大型浮体，但如果遇到热带风暴，半潜式浮城还可以临时潜入水下进行躲避。

虽然目前还没有一座半潜式浮城建起来，但各国设计家已经提供了不少方案。日本设计的“海洋螺旋”城市每个可容纳5 000人，用树脂材料建设，并且使用3D打印技术制造部件，生活所需能源则来自温差发电。马来西亚设计的“水中刮刀”也是倒立的摩天大楼，它可以伸出“触角”，供海洋生物栖息。澳大利亚设计的“旋转城”倒挂在海面上的一个“十”字形浮体下面，轮船则停靠在十字浮体形成的港口中，下面是400米深的浮城。

建造半潜式浮城，并不超越现有的技术条件，只是要把不同领域的技术集合在一起，形成质的突破。目前，这些设计中的浮城都以旅游观光为目的。现实中，以旅游为主业的迪拜和斐济也都实际建造过小型半潜式酒店，可惜都成了海洋“烂尾楼”。实践证明，仅靠猎奇概念建造浮城都不可行。浮城的真正用途是成为科研基地或者海洋工厂。

在陆地上发展工业项目，往往涉及地产问题，海洋不存在占地问题，没有产权纠纷，时间成本的节约非常可观。

08 海上核电站

海洋上会有很多新奇的发电方式，不过都还在实验阶段，如果要找一种现成的能源技术为这些浮城供电，并且能量密度还要足够大，非海洋核电莫属。

海洋核电并非新技术，核动力航母与核动力潜艇的动力就来自核反应堆。如果转为民用，这些小型核反应堆提供的电量可供几万人工作和生活。海上核电体量足够大，能与陆地核电功率相仿，以为超大型浮体或者半潜式浮城供电。

核电是所有发电方式里能量密度最高的。核电厂占用的土地主要用于建造防护设施，发电设施占地很少。海上核电厂远离居民区，防护设施不复杂，其思路是把大型陆上压水堆核电站装在船只上，成为专用的核电船只。陆地核电站不能移动，选址过程十分复杂，海上核电站不需要选址，哪里有需要，就把发电船开到哪里，接入当地电网就行。同时，核电也是目前所有发电方式中成本最低的。

每座陆地核电站都要根据当地条件设计、施工，建设周期往往长于火电站和水电站。大海完全不用考虑地形问题，发电船一旦定型就可以批量生产，大大简化发电成本。由于优势明显，从1963年开始，美国人就把核反应堆放在旧船上进行商业发电。陆地核电站受到社会阻碍时，以西屋电气公司为代表的运营商曾经设想把它们搬到海上，再向城市供电，结果无疾而终。

俄罗斯已经从切尔诺贝利事件的深坑中爬出来，这几十年专攻核电技术，尤其在海上核电方面领先。2019年12月，俄罗斯制造的全球首座核电船“罗蒙诺索夫院士号”开始向楚科奇自治区电网供电，成为海上核电正式运营的标志。中国广核集团有限公司从2016年开始，也在研制核电船。

展望未来，核电船的长远目标并不是像陆地核电站那样为大型陆地城市供电，而是利用它的机动性，向交通不便的目标供电。楚科奇自治区位于人烟稀少的寒带地区，单独建设电站或者从外地输电成本都非常高，核电船可解决这个问题。

在更远的将来，核电船主要为海洋工业供电。海水淡化就是其中之一，它经常使用蒸馏法或者冷冻法，但无论哪一种方法都非常耗能；未来在大洋上建设的各种工厂，更需要功率大而体积小的发电设施，海上核电船有望在这些地方大显神通。

超大型浮体使用核电，除了能源高度密集外，还可以同时进行海水淡化。一座超大型浮体上有上万人工作，所以必须有自己的淡水来源。

俄罗斯的海上核电站每天淡化24万立方米的海水，已经达到中型海水淡化厂的规模。

09 陆厂迁海

第一批超大型浮体和半潜式浮城下海之后，能向世人体现其空间上的优势，就会吸引大量资金入海，建造更多的浮体和浮城。当十几座或者几十座浮体和浮城在大洋深处正常运转后，彼此之间便会形成网络，进而分工协作，让海洋工业体系的效率进一步提升。届时，陆地上一些特殊的生产部门和社会服务部门，也有可能转移到海上。首先便是危险品的生产和储藏，包括易燃易爆物品和有毒化工产品。

最近几年，天津港和黎巴嫩贝鲁特港口发生了两场大爆炸，举世震惊。如果这些危险品储存在海上，即使不慎爆炸，也不会同在陆地上一样造成重大人员伤亡和财产损失。某些生产剧毒化工产品的企业，有可能整体进入海上平台，它们不在深海大洋，而是在离海岸线几千米附近的海面上，并且远离繁忙航线和都市。将来，不仅海上平台的体积在增加，随着生产工艺的进步，各种工业设备的体积也在缩小，以便迁移到海上。

易燃易爆物品和有毒化工产品通常都是工业原料，而不是最终消费品，以它们为原料的工厂则会从内陆迁移到海滨城市，以减少运输压力。这些危险品在海上生产、储存，再由船舶运入港口，沿途不会对陆地居民造成影响。

矿产品的加工，传统上以内陆为主，因为矿山基本都在内地。随着海砂矿和深海矿物提取量的增加，矿产品加工厂会陆续转移到海上。如果在太平洋深处大规模采集锰结核，就近在大洋上冶炼，再把成品运回内陆，当然比把矿石运回内陆冶炼要节约成本。

专用防疫医院也会建立在这些浮体和浮城上。以前虽然有医院船，但没有专门用于治疗传染病的船，那需要配备专用的负压病房。现在，人们已经看到这类可移动的海洋方舱的价值。2020年，中国船舶重工集团公司第七〇一研究所就接到任务，设计应急医疗救援船。这种船要对人员、物资、油料、空气、废物和废水有全套医疗处置方法。

未来，在各种大型海洋平台上会开辟出专门区域建设防疫医院，通过飞机等运输手段，快速转移陆上各类传染病患者，以把他们与其他病人和健康人群隔离开。海上平台是纯人工环境，隔离手段很容易实施。

国际组织也有可能搬迁到海上平台。目前，全球已经有6万多个国际组织，既有政府组织，也有民间组织；既有区域组织，也有全球组织。理论上讲，这类组织需要在各国之间保持中立，但是陆地都已经有了归属，这些组织只能在各国领土上办公，难免受到国际局势的影响。海上平台建立后，交通以飞机为基础，通讯以互联网为基础，办公环境不会逊色于陆地。国际组织可以租用海上平台，摆脱国土问题带来的干扰。甚至，有条件的国际组织可以自建海上平台，比如建一座海上联合国总部。这些机构原则上可以建在陆上，也可以建在海上，但未来的海洋平台更能够吸引其进驻。

10 海洋生态复原

随着社会的发展，人们的环保意识也越来越强，任何全新的开发计划都要把生态价值放在重要位置。所以，新兴的海洋工业在起步时就会考虑生态保护。无论在能源供给、交通运输还是原材料制取方面，海洋工业都有更高的技术起点，可以满足更高的环保要求。

然而，过去200多年陆地工业的发展，本身已经给海洋生态造成了严重污染。由于海水的流动性，这些污染从江河入海口漂移到其他海域，有些已经到达大洋中央。

恢复海洋生态，已经提上了日程。但这项工作靠个人和手工劳动无法完成，必须投入科技力量。所以，恢复海洋生态本身就是海洋工业化的重要任务之一，必须要靠工业技术力量来完成。

让我们从海岸线开始考察，海洋生态修复的第一步就是恢复滨海湿地。滨海湿地是陆地生态与海洋生态的交接处，按照国际规定，其底线为海平面以下6米。红树林、珊瑚礁和海草床都是滨海湿地的典型生态环境。中国已经制定了有关法律，任何私人与企业未经国家批准，不能使用滨海湿地。

20世纪80年代曾经有一首广为传唱的歌曲，名叫《一个真实的故事》，讲述了一个女孩为保护丹顶鹤，不幸在沼泽中遇难。这个女孩名叫徐秀娟，悲剧发生在1987年。她遇难的地点是江苏盐城国家级珍禽自然保护区，现在这里已经划入中国黄（渤）海候鸟栖息地，被列入《世界遗产名录》，成为我国首个以滨海湿地为特征的自然遗产。

在海洋中实施禁捕，让某些海洋生物种群恢复数量，是海洋生态修复的又一项任务，鲸就是其中的代表。工业革命初期，鲸油用来制造灯油，点亮城市的街道，它在燃料时不产生油烟，并且还是优质的机械润滑油。在工业需求刺激下，捕鲸业成为一大行业。当石油取代鲸油后，这个行业从20世纪初开始衰落。国际捕鲸委员会更是自1986年开始停止商业捕鲸。中国在20世纪50年代还装备了机械化的捕鲸船在近海捕鲸。自1981年起，中国完全停止了捕鲸。

在全人类共同努力下，如今全球鲸群已经恢复到历史较高水平。其他如金枪鱼、大黄鱼、小黄鱼等资源，都由于禁捕或者限捕，恢复了往日的数量。

人工恢复珊瑚是海洋生态复原工作的另一项任务。珊瑚生长缓慢，遇海水变暖，发生白化以后会大面积死亡。由于珊瑚是很多海洋生物的栖息地，珊瑚死亡，也使得以它们为基础的微型生态圈发生衰退。如今，科学家已经发明了珊瑚栽种法，他们在海底铺设好纵横交错的人工支架，再从活珊瑚上切下小块，挂在这些支架上让其缓慢生长，待达到一定规格后，再把它们移植到海床上，整个任务由潜水员来完成。人工恢复珊瑚没有收入，完全是公益行为。

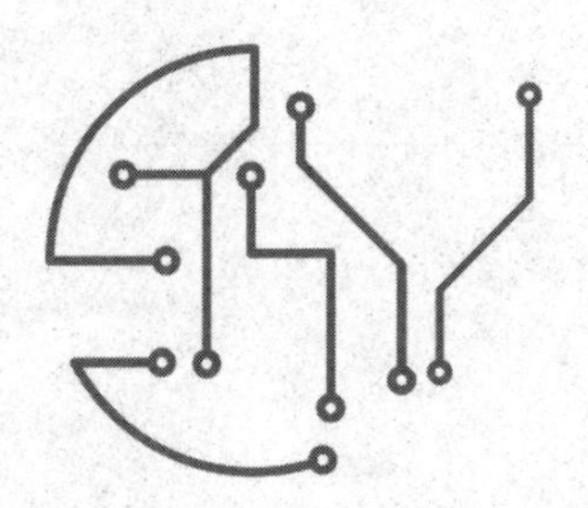

第六章　海之灾难

人类不是海洋动物，没有技术保护，海洋对人类就是凶险之地。虽然海洋也是资源宝库，但由于缺乏应付海难的能力，人类迟迟不敢大规模深入海洋。

由于趋海移动，人类越来越多地与海洋打交道。摸透海洋的“脾气”，找到应付海难的办法，是人类开发海洋的重要任务。

01 风暴潮

海洋既是天然宝库，又是灾难源泉，最常见的一种灾难就是风暴潮。

“浊浪滔天，惊涛拍岸”描写的其实就是风暴潮。如果以人员和财产损失来计算，风暴潮是威胁最大的海洋灾难。当狂风吹起的海浪与正常潮汐相叠加，就形成了风暴潮。此时的潮位大大超过平时的潮位，导致灾难。在学术上，风暴潮又被称为“风暴增水”。

论原因，温带气旋和热带风暴都是风暴潮的起因。台风是因，风暴潮是果，并且风暴潮仅袭击海岸线，与台风本身有别。另外，虽然都是海水上涨导致的灾难，但是风暴潮不同于海啸，后者是由海底地震造成的。海底地震持续时间短，由此导致的海水上涨虽然很凶猛，但是转瞬即逝。风暴潮却可以持续数小时，乃至一天。

风暴潮直接袭击海岸线。如果某地有河流入海，潮水还有可能倒灌入河，摧毁沿岸堤坝。风暴潮之所以能给人类带来危害，一个重要原因就是有越来越多的人居住在海岸线一带。康熙三十五年，也就是1696年，上海地区遭遇巨大风暴潮，死亡十余万人，绝大部分是海边以煮盐为业的人。

1922年，中国潮汕地区的一次风暴潮导致7万多人死亡。这是中国近现代以来最大的一次风暴潮灾难，死者基本都是沿海的渔民。

如荷兰这类低地国家，人们在海岸线上圈地，建立大量居住和工业设施。一旦潮水内侵，就会带来灾难性后果。1953年，巨大风暴潮导致海水侵入荷兰内地60多千米，死亡2 000多人，60万人无家可归。

日本四面环海，风暴潮灾难更是频繁。1959年的一次风暴潮导致日本7万多人伤亡，这时的日本已经基本完成现代化，并不缺少基础设施，但风暴潮仍然给日本造成了巨大损失。美国平均4到5年就有一次超级风暴潮灾难发生。

孟加拉国既是低海拔国家，又是人口高度密集的国家，还是欠发达国家。1970年的一次风暴潮造成该国30万人死亡，是迄今为止风暴潮造成死亡人数最多的一次。

风暴潮灾难频发的另一个原因是海平面上升，海水不断逼近人类居住区和工业区。要知道，海平面上升并非一个直线过程，它时快时慢，历史上曾经有过每百年增加1.7米的高速度，也有几十年不增加的情况。

当然，我们最关心21世纪海平面会上升多少，对此科学家仍有不同的估计。以吴淞口为例，从现在到2050年的上升幅度，各种估计值在20厘米到50厘米之间。英国布里斯托尔大学的马克·西戴尔认为，到21世纪末，海平面会上升1米。这意味着很多沿海城市至少有部分区域会泡在水里，淹没约1.4亿人的家园。

海平面上升的直接危害就是加剧风暴潮。2005年“卡特里娜”飓风袭击美国新奥尔良市，就是典型的风暴潮灾难。所以，如何预防风暴潮，将会是人类的一项重要任务。

02　强热带风暴

2009年，一部名叫《超强台风》的灾难片登上银幕，其记录的就是2006年台风“桑美”登陆后的情形。当时，“桑美”从浙江、福建登陆，温州鹤顶山风力发电站测到了81米/秒的阵风，是到目前为止中国最高的风速记录。这个速度已经达到超强台风的标准。灾难过后，中共浙江省委宣传部为了普及台风知识，专门打造了这部影片。除了记录这场灾难外，影片还回顾了1956年台风“温黛”在浙江省象山县沿海登陆的场景。当时，仅在海堤上就卷走近千名军人和民工，全县共死亡3 401人。后来，当地专门为这场灾难建了纪念碑。

“台风”是东亚地区对灾难性热带气旋的称呼，在美洲它被称为“飓风”，在印度洋沿岸又被称为“旋风”。三者产生原因都一样，当海水温度超过26.5摄氏度，便会有大量水汽蒸发到空中，形成气旋。不过，一部分热带气旋很温柔，只有中心风力达到8～9级时才具有灾难性，这时候它又被称为强热带风暴。一般来说，只有赤道两侧的海面，才能被加热到如此温度。所以，这种气旋基本都产生于热带，但是随后便会向亚热带移动。真正承受强热带风暴打击的，往往是亚热带地区。

在海岸线上造成风暴潮，只是强热带风暴带来的各种灾难之一。远在海洋上，它们就能倾覆小型船只。美国灾难片《完美风暴》，其背景就是两次强热带风暴叠加后形成的超级风暴，全片都在讲述一艘渔船在这场风暴中逃生的惊险故事。强热带风暴进入内陆后，仍然可以造成强降雨，摧毁各种基础设施和民房。1970年，飓风“波罗”侵入孟加拉国，造成30万人死亡，是当代史上最严重的风暴灾害。

气象卫星上天后，人类已经可以提前数日监测到热带风暴的形成。但由于某些国家基础设施不完备，即使接到预警，仍然会遭受严重损失。2008年，从印度洋上形成的强热带风暴“纳尔吉斯”在缅甸登陆，一直深入到仰光，导致沿途6万多人死亡和失踪，半数国民遭到风灾打击。这是进入21世纪以后在一个国家伤亡人数最大的强热带风暴。

近年，由于海洋温度上升，海洋携带的热量更大，通过蒸发向热带风暴输送的能量也更大，强热带风暴因此会持续更久的时间。以北大西洋的飓风为例，50年前，飓风登陆后的第一天就会衰减75%的能量，平均17个小时后就能减弱为热带低气压。现在，它们登陆后的第一天只能减少一半的能量，平均33个小时后才能衰减为热带低气压。

强热带风暴登陆后会边旋转边推进，衰减过程变慢，意味着它们能够比以前更加深入内陆，到达以前很少到达的地方，那里的人们缺乏应对热带风暴的机制，会带来更大的损失。

03 大海啸

2004年12月26日，突如其来的海啸席卷印度洋沿岸各国，最终导致22.6万人死亡，是世界200年来死亡人数最多的一次海啸。这次海啸让全人类都开始关注这种突发性的、并不常见的海洋灾难。

相比于强热带风暴，海啸发生的几率低得多，也由此导致长期缺乏海啸预警机制。其实，印度洋并非海啸高发地，全球80%的海啸发生在太平洋。2004年的灾难让各国迅速完善海啸预警机制，反复进行海啸预警演习。即使如此，2011年日本大地震形成的海啸，仍然导致3万人死亡和失踪。而日本相对于印度洋沿岸国家，技术水平要高出不少。

海啸形成于海底地震、海底火山爆发，或者大面积的深海滑坡，它们会导致海面形成波浪。这些地质活动通常发生在远离海岸线的地方，处于大洋底部。在大洋上，它们形成的波浪仅1米多高，很难引起船员的注意。只是当波浪推进到海岸线时，由于海底陡然变浅，浪高提升，才形成海啸。这种强大的海洋波浪时速高达数百千米，几小时就能穿越大洋，到达各地海岸。由深海地质改变释放的波浪能，在大洋上很少衰减，可以传递得很远。2004年印度洋大海啸就传到了斯里兰卡，中间隔着数千千米。1960年智利海啸也穿越太平洋，传到了夏威夷和日本。

历史上死亡人数最多的火山爆发，要数1883年印度尼西亚喀拉喀托火山大爆发。其实喀拉喀托火山是一个岛，上面居民并不多。火山爆发后，山体直接滑入海中，形成大海啸。在36 417名遇难者中，大部分都死于后来的海啸。与风暴潮一样，当人类文明以陆地为主时，并不在意海啸问题，只有大量迁居海边，才会遭受海啸的打击。而且海啸总是来得快，去得也快，让人们来不及反应。由于这些原因，历史上的海啸记载远不如内陆的洪涝与旱灾记载得多。公元前47年的西汉时代，中国就记载了莱州湾海啸事件，是世界上最早的海啸记载。进入科学时代之前，全球海啸记载只有260多例。

在广东省南澳岛上，一个科研团队发现了强烈的水动力搬运痕迹。这里有大量的宋瓷残片和破损的宋代石臼，还有一艘代号为“南澳一号”的沉船。它们都是1076年海啸灾难的遗迹。从那以后，这个地方被废弃了几百年，直到明朝后期，当地经济活动才恢复到海啸前的水平。

不过，我国与太平洋之间隔着一条岛链，它们阻隔了大部分海啸灾难。所以，中国不算是受海啸威胁严重的国家。只有发生在琉球海沟或者马尼拉海沟的地质灾难所形成的海啸，才能对我国沿海造成较大影响。所以，我国一直对这些海域进行预警。

04　海冰灾害

1912年4月14日，英国邮轮“泰坦尼克号”在北大西洋触冰山沉没。由于反复见诸媒体，并被拍成电影，这个历史事件大家已经耳熟能详。但它所涉及的灾难类型却很少有人知道，那就是海冰灾害，5种主要海洋灾害之一。

顾名思义，这种灾难是由海上浮冰带来的。由于冰山都漂浮在高纬度海域，像“泰坦尼克号”这样撞到冰山而沉没的事件，历史上并不多见。特别是有卫星监测海面之后，大型冰山的走向都能够提前测报。

所以，大部分海冰灾难是由海面封冻造成的。地图上有个“巴伦支海”，是以荷兰航海家巴伦支的名字命名的。当年，他率领的探险队被冰封在那片海域，困死在新地岛，成为早期的海冰灾难受害者。

1912年，海船“圣安娜号”在北冰洋上被海冰封住，随冰漂流长达两年，船体彻底破损，最后被发现时，全船只有两人幸存。

随着人类不断向南北两极拓展生存空间，船只被冰面困住的灾难便屡有发生。我国的“雪龙号”就曾经在南极附近被海冰围困，由于救援能力不断提高，当年巴伦支遭受的那种灾难没有再发生。

现在，海冰对人类最大的影响在于近海。冰是“冷胀热缩”的物质。长度1 000米的冰可以在冷冻过程中增加0.45米，看似很微小，但膨胀的冰足以挤压海洋工程设施，导致其破损。如果大量船舶被封在冰层里，强度不够的船体也会被海冰挤压。由于海洋工程规模不断扩大，海冰导致的损失也在上升。

1969年初春，渤海发生有记录以来最大规模的海冰，整整封堵了50天。一些客货轮需要用破冰船去解救，港务局的观测平台也被海冰挤倒，海洋石油钻井平台被海冰割断，造成大量财产损失。当时，军队出动飞机向冰层投放炸药都没有将海水炸开。

近年来，由于海水养殖规模不断扩大，海冰对该行业的危害也开始受到重视。2010年渤海与黄海发生海冰，导致当地渔业损失10亿元人民币。不过，海洋冰封的时间和位置相对固定，运输船只和渔业船只会提前躲避。今后主要的受灾对象是海洋工程和海水养殖。

海水有盐分，结冰点比陆地淡水要靠北，一般在北纬60°以南，海面基本不会结冰。中国北方只有港口附近会形成数百米到几千米宽的冰，由于时间短、面积小，人们对海冰危害很少关注。

最近几年，东北航线与西北航线陆续开通。这两条航线从东亚向北，穿越白令海峡，再分别沿东西两边贴着陆地航行，最终到达北美和欧洲。现在这两条航线上的船，大部分都与中国外贸有关，而它们更容易遭受冰山和封冻的威胁。在不久的将来，北冰洋的海冰灾难将会受到人们的关注。

05 海底火山

天文爱好者都知道，太阳系里最大的单一火山位于火星，叫奥林匹斯火山。不过，2013年科学家在地球上也发现了一座火山，单纯就面积而言已经接近奥林匹斯火山，只是没有它那么高。如此巨大的火山之所以迟迟才被发现，是因为它位于西太平洋底部，厚厚的海水遮盖着它的面貌，这就是大塔穆火山。当然，虽然体积不小，但是这座火山数百万年前就停止了喷发，成为死火山。

不过，那些海底活火山的威力仍然巨大。虽然海底活火山在数量上只占全球活火山总数的八分之一，但其喷发的熔岩却占总量的75%。深海压力大，海底火山爆发时喷出的物质被密封在下面，形成新地壳，海面上则不露痕迹。然而，浅海中的活火山仍然会将物质喷出海面，这种爆发会在海面上形成蒸汽，泥沙翻涌上来把海水搅浑。

浅海火山爆发会给人类带来灾难，并且由于这些火山深藏水底，人们对它们缺乏预警，突然爆发便会殃及轮船。1952年，日本东京渔业所一艘考察船就在海底火山爆发中沉没。除了直接掀翻船只，大型海底火山爆发也是导致海啸的一个原因。在这种灾难中，火山爆发是主因，海啸是次生灾难。

海底火山长期喷发，从底部加热海水，也会带来海面和大气热量的灾难性变化。科学家推测，北冰洋下面经常出现海底火山爆发，加热底部海水，可能对海冰融化起了很大作用。著名的厄尔尼诺现象也被认为是海底火山作用的结果。当它们爆发时，底部海水被加热，在南美洲西海岸附近上升到洋面，再烘热大气。这个过程中损失的热量很少，海底火山释放的热量大多传递给了大气。

东太平洋中脊上有两个巨大的海底火山口。科学家已经观测到，每当厄尔尼诺现象发生前，当地海面温度都有异常上升。科学家进行的模拟实验也间接证实了这一点。厄尔尼诺现象平均每7年就出现一次，在全球导致多种气象灾害，连中国都受它的影响。而它的直接动力可能就来自海底火山。

恐龙因何而灭绝？现在，小行星撞击地球假说成为学术界的主流。然而也有科学家认为，海底火山才是真正的凶手。距今9 000万年前，海底火山曾经有过长达2万多年的不间断喷发，先是杀死大量海洋生物，同时很多二氧化碳被释放出来，最终进入大气，破坏了恐龙所依赖的食物链；又经过2 000多万年，恐龙缓慢地走向灭绝。

无论上面这种假说是否成立，海底这些“定时炸弹”的威力，足够引起人类的重视。

06　洋流危机

科幻片《后天》给观众留下了深刻印象，人们津津乐道于它对环保理念的宣传，却很少有人能说清影片到底描述了一种什么灾难。这种灾难来自洋流的变化，它是现实存在的，只不过影片为了追求戏剧效果，将成千上万年的变化压缩为两天。

在一般人眼里，所有海水浑然一体，但是水手们早就发现海水的不同。在某些海域，朝一个方向的速度与相反方向的速度相差10千米/时，海洋中肯定存在某种暗流。后来，海洋学家研究发现，由于温度和盐分的不同，海洋里的水经常聚集起来朝某个方向流动，与周围海水产生相对速度。

洋流是规模最大的水流，通常有上百千米宽，流经几千千米。如果温度高于周围海水，则为暖流，反之则为寒流。海水的比热是陆地的4~5倍，比空气高1 000倍。所以，海洋是地球表面最大的热库。暖流流经的地方，大气温度就上升，寒流流过，气温就下降。洋流的规模和方位很少变化，周而复始地出现在某些区域。这个过程本身算不上什么灾难，周边的陆地居民已经适应了洋流对气温造成的影响。但如果洋流温度突然变化，使一个地区骤冷骤热，就会形成灾难。

《后天》中的洋流是指大西洋暖流，由于它的影响，西欧和北美比中国同纬度的地区要温暖。由于海水含盐量高、密度大，洋流会在北极区域沉入海底，再调头南下。如果北极融冰稀释了它的盐分，洋流就会逐渐消失。

这种现象历史上曾经屡次发生，大约每10万年出现一次，每次出现100~1 000年。拿地质时间来衡量，各种洋流都是一会儿强，一会儿弱。人类尚未广泛分布在地球表面时，洋流变化没什么影响。但是现在，洋流变化意味着人类要放弃一些成熟的经济圈，尤其是北大西洋沿岸城市，可能会因为寒冷而边缘化。这股洋流不仅影响北半球，它的一部分南下后，也在影响南极冰川，让冰川加速融化。

南大洋有座思韦茨冰川，面积相当于广东省。20世纪90年代，这座冰山每年融化的淡水有100亿吨。受海底暖流影响，现已经飙升到每年800亿吨，提升了海平面上涨的速度。

大西洋暖流之所以受重视，是因为它夹在西欧和北美两个工业区之间，影响大，搞现场研究也比较容易。至于其他各处洋流变化对气候产生什么影响，还缺乏进一步的研究。比如厄尔尼诺现象，其能源来源是海底火山，但输送热量的工具也是洋流，是一种复合性灾难。

07　危险海洋生物

曾几何时，一部《大白鲨》让全球观众把视线投向海洋生物带来的危险，也形成了一股鲨鱼灾难片的热潮。直到最近，另一部鲨鱼灾难片《巨齿鲨》也斩获了不少票房。

其实，没有哪种生物注定是灾星。海洋动物极少主动攻击人类，它们甚至在以前很少接触到人类。只是随着人类越来越频繁地扩大海洋足迹，才开始遭受某些海洋生物的攻击。

如果要按致死数量来评选最危险的海洋生物，鲨鱼并不能夺冠。在现实中死于鲨口的人，远少于在电影里死于鲨口的人，全球每年只有个位数。但是箱形水母每年都会杀死几十人到一百多人，还有更多的人被箱形水母蜇伤。他们以滨海地区的游客、渔民和军人为主。目前还没有针对蜇伤的特效药或者治疗方式，只能以回避为主。箱形水母的触手能释放剧毒，人类受到袭击后，肌肉麻痹，心脏衰竭。由于袭击都发生在海洋里，这很容易导致死亡。一些落后的海洋国家缺乏尸检能力，被箱形水母杀死的人通常被记录为溺水，箱形水母的危险性有可能被低估了。

虎鲸是一种海洋哺乳动物，西方称之为“杀人鲸”。不过，并没有它们在自然环境里袭击人的记录。由于外形可爱，易于训练，很多虎鲸被圈养在水族馆里。在这种人工环境下由于不适应，虎鲸会袭击饲养人员，半个世纪以来已经发生了几十起此类事件。美国奥兰多海洋公园里的一头虎鲸曾经杀死过3个人。但是，无论虎鲸还是鲨鱼，都不会把人类当食物。

2016年，山东荣成海洋馆里一名观众过于接近海象，被其拖入深水中，饲养员入水营救，也被海象抱住，结果两人双双遇难，这给危险海洋生物名单上又添加了一个名字。据分析，海象并非要杀人，只是想把人拖下水一起玩耍，由于其身强力壮，导致两人无法脱身。

上述事件里，死者多数都是水族馆里的饲养员，平时与“凶手”朝夕相处。但是，这些海洋哺乳动物体型远大于人类，在情绪不稳时发动袭击，人类通常无法抵抗。

除了这些明显的伤害，海洋生物还会带来某些宏观的、抽象的损害。比如，最近箱形水母由于海洋酸化，大量繁殖，就对海洋生物圈造成了威胁。

据统计，中国300多万平方千米海域中，能对人造成危害的海洋生物就有数千种。它们对普通人还不算什么，但是海军官兵在训练时就会遭遇危险。所以，海军方面一直把预防海洋生物袭击当成一项研究任务。

08 赤潮危机

严格来讲，赤潮这种灾难也来自海洋生物，不过它损害的主要不是人类本身，而是海洋经济。

形成赤潮的原因是海洋中某些浮游生物等暴发性繁殖。由于经常导致海水发生颜色异常，并且以砖红色最为多见，所以称为赤潮。不过，因暴发性繁殖的浮游生物品种不同，有些地方的赤潮呈褐色或者绿色。

赤潮和陆地上水华灾害的原因大致相仿，都是水体内营养物质激增的结果。陆地工厂排出废水，相当一部分汇集到入海口，便容易在附近海域形成赤潮。这些浮游生物能释放毒素，下海游泳的人们通过皮肤被感染。通过食物链，这些毒素汇集在海洋动物体内，当人类食用含有毒素的水产后，就有致病甚至致死的可能。1983年，菲律宾发生赤潮，导致21人因食物中毒而死亡。1987年，危地马拉渔民误食赤潮中的鱼类，也导致26人死亡。我国沿海地区以前都有零星的由赤潮导致的食物中毒死亡案例。

由于医疗条件提升，赤潮直接导致的死亡案例已经在中国绝迹，但是赤潮中滋生的浮游生物消耗水中的氧气，导致鱼虾大量死亡，这是目前赤潮造成的主要危害。

赤潮的源头在陆地，所以只发生在近海，主要在沿海岸一带。但是最近几十年，由于海水养殖的兴起，这些地方有很多成为养殖区。每次赤潮发生，都会摧毁整片区域的养殖成果。死鱼会漂在海面，成群成片，海獭等海洋动物再食用这些含有毒素的鱼，导致危害的进一步延伸。

除了营养物质激增，赤潮还与水温有关。所以在春夏两季赤潮最多见，但此时也正是各种海水养殖品的快速生长期。因此，赤潮逐渐成为海水养殖的头号威胁。

近年来，海洋工程规模不断扩大，而工程所在地往往会因赤潮暴发而导致停工，或者工程完成后对使用有影响。

目前在中国沿海，一次大型赤潮泛滥通常会波及数千平方千米海面，林林总总的危害加起来，会导致数亿元经济损失。

治理赤潮危害，目前还没有特别有效的方法，有些地方使用硫酸铜进行杀灭，有些地方投放贝类去吞食藻体，还有些地方向赤潮海面上投放黏土，通过黏土颗粒把浮游生物凝聚起来，沉降下去。

不过，上述做法都在实验当中，还没有哪一种具有普遍推广价值。所以，现在对于赤潮还只能以预防和监测为主。不过，最近有人将赤潮中滋生的海藻采集后制作成海藻肥，供农业生产用，算是化害为利的一条新路。

09　海水腐蚀

金属会被腐蚀，这是常识。几乎没人死于因腐蚀造成的事故，所以公众对此并不关注，但是要算账才能知道腐蚀问题的严重性。目前，我国由于金属腐蚀带来的损失约占GDP的5%，超过所有自然灾害带来损失的总和！2018年，全球因腐蚀造成的损失达4万亿美元，接近日本一年的GDP。

当人类大规模进入海洋以后，海水腐蚀也将成为重大问题。海水中的氯离子有强腐蚀性，完全浸泡在海水中的设施、设备很容易受到危害。即使露在海面的部位，飞溅的海浪也会对其造成腐蚀。甚至，海面上的大气由于海水蒸发作用，氯离子和镁离子的含量都高于陆地上的大气，具有更强的腐蚀性。

陆地上的工程建筑设计主要考虑结构的承重问题，而海洋里的工程建筑设计则主要考虑由腐蚀带来的安全问题。这些年，中国建成全球规模最大的海洋工程，但十几年到几十年后，我们便会看到海水腐蚀给它们带来的严重损害。

海水的腐蚀程度取决于材料工艺。由于这方面的技术差异，我国的腐蚀程度比美国多两个百分点。以现在的GDP来计算，一个百分点就是1万亿元人民币！大部分情况下，人们依靠表面涂层来减少海水腐蚀。20世纪末，中国第一座核电站——秦山核电站在海边修建，最初要引进国外的耐腐蚀钢材，后来这种材料“水土不服”，便改用国内涂层技术处理。

还有一种技术叫阴极保护法，当金属材料置于溶液时，不同位置之间会形成电位差，产生电化学腐蚀。阴极保护法能减少这种电位差。以杭州湾跨海大桥为例，大桥设计使用寿命高达100年。这意味着很多钢柱要在海水里浸泡一个世纪，对防腐蚀提出了极高的要求。项目方就采用特殊涂层与阴极保护相配合的防腐蚀方法。为此，他们甚至在钢管复合桩下面的海泥里安装了监测探头。

当然最根本的方法是让材料本身更耐腐蚀。2020年，鞍山钢铁公司制造出国内第一批耐海水腐蚀桥梁钢，并提供给几个跨海大桥工程使用。

除了钢材，水泥也要应对海水腐蚀。跨海大桥要使用很多水泥建筑桥墩，传统的硅酸盐水泥会在海水腐蚀中软化。20世纪80年代，中国建筑材料科学研究院发明了铁铝酸盐水泥，目前已经证明它在海水中的强度不仅不下降，还会稍有提升，有望成为主流的海洋工程水泥。

海洋中还有一种类似的危害叫作生物污损，是由海洋生物附着在设备和设施表面造成的，损害的性质与海水腐蚀大同小异。当牡蛎、藤壶、海藻等附着在金属船体上后，会降低其航速，增加其能源消耗；如果附着在钻井平台上，则会增加其重量。目前，人们主要通过化学药剂杀死这些附着生物，但这些化学药剂会在海水中扩散，带来新的环境污染。

10　海洋污染

前述海洋灾难都来自海洋而威胁陆地，但有一种危险是来自陆地而威胁海洋，那就是人类活动对海洋生态环境的污染。

水往低处流，陆地上的江河湖泊接收到污染物，都会带着它们往海拔较低处流动。一部分污染物流入地下水和土壤中，另一部分会进入海洋。尤其是河流入海口以及近海，是陆缘污染的高发区。大量的农药残余、工业中使用的各种酸和碱，都会通过水流进入海洋，形成看不见的污染。然后通过海洋生物的富集作用，使这些污染物最终在人类食用海产品时进入人体，每年约有10万人因此而中毒。

陆地上还有一种看不见的污染物，就是工业废热。它通过废水流入海洋，导致排放区域的海水温度比周围高，影响了当地的生态环境。

陆地上每年产生约100亿吨固体垃圾，绝大部分被填埋，但也有一部分随河流入海。这些固体垃圾进入海洋后，其中的生物质垃圾会被分解，比重高于水的会沉降，最后剩下塑料垃圾漂流在洋面上。虽然各国已经在限制塑料制品，但已经进入海洋的塑料垃圾会在洋流作用下聚集成垃圾带。20世纪80年代，人们最早在夏威夷和加利福尼亚之间的海面上发现了塑料垃圾带。到现在，它已经覆盖了160万平方千米的洋面，相当于法国、德国和西班牙的领土面积总和。

据估计，太平洋垃圾带中99.9%都是塑料，约有7.9万吨，其中46%为破损后废弃的渔网。鱼类和海兽经常误食塑料，导致其死亡。

理论上讲，大部分海面上的垃圾都会缓慢沉降到海底，那里是陆地垃圾的最终聚集处。只是由于海底调查比海面调查难得多，人类还不掌握垃圾在海底的分布情况。最近，中国水产科学研究院黄海水产研究所用底拖网收集海底生物，发现海葵能附着在海底垃圾上，并随之扩散到远处，影响当地海域的生态系统。黄海相对较浅，更深海域的垃圾分布情况还缺乏研究。

有人觉得，海洋是垃圾最终的倾倒场，海洋垃圾不会影响人类，这是错误的。2018年，台风“山竹”引发海水倒灌入香港，大量海洋垃圾涌入城区，堆积在城市低洼处。

工业化之初，人们认为海洋无比大，可以消化各种废物，主动向海洋倾倒废水。现在，各国已经意识到问题的严重性，建立了严格的排放标准。

海洋工业活动不断增加，也对海洋本身造成了一定污染，油料泄漏最为典型。即使不出事故，但由于密封条件有限，普通船只也经常泄漏一定的燃油和润滑油。笔者第一次看到海洋是在天津港，一望无际的褐色海水完全颠覆了笔者对海洋的想象，那就是长时间油料泄漏的结果。

如果船只发生事故，会造成大面积油污污染。1978年3月16日，美国标准石油公司的一艘油轮在法国布列塔尼海岸搁浅，泄漏出数万吨原油，成为历史上最严重的油轮原油泄漏事件。

但与钻井平台石油泄漏相比，油轮原油泄漏就小巫见大巫了。2010年4月20日，英国石油公司的一个钻井平台在墨西哥湾爆炸沉没，随后，位于海面下的受损油井开始泄漏原油，将近三个月才彻底将受损处堵住，但140万立方米原油流入海洋，污染了1 600多千米长的海岸线。

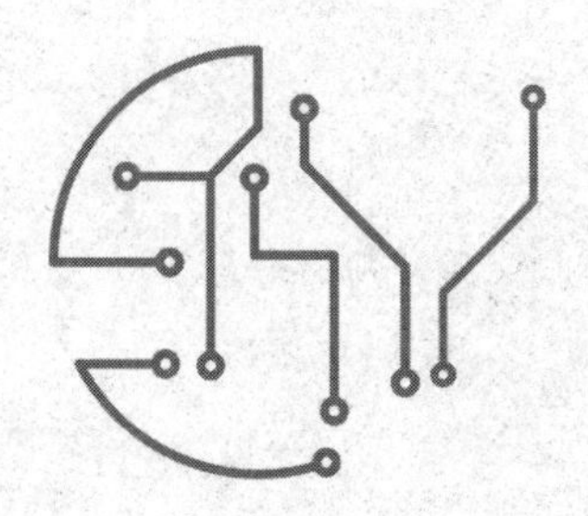

第七章　驭海而行

到目前为止，人类还没有定居海洋，低廉的运输价格才是海洋最大的价值所在。相对于陆运和空运，海运的费用仍然最为低廉。

即使有一天，我们把能源、工业甚至定居点大量搬到海洋上，交通仍是首先要解决的问题。毕竟，那可是71%的地球表面，比起我们能够方便出入的陆地，足足大了两倍多!

不能征服海洋，人类就只能生活在孤岛般的陆地上。如何更多、更快、更节省地进行海洋运输，是实现人类征服海洋的关键。

01 重载的极限

树木枯死后有可能倒在河流里漂浮，这种情形司空见惯，古人受此启示，发明了独木舟。他们在整根树木上挖个横槽，用来载人。考古发现的最早独木舟已经有9 000多年的历史了。从那时起，先民们便尝试制造各种船只。

自古以来，船运就显示出比陆运费用低、到达范围广的优势，只不过对于内陆帝国而言，船运主要通过河流进行。早期的小船到了海上，只能沿海岸线行驶，一旦遇到危险马上登陆。后来，航船越造越大，直到能让人类深入海洋。

直到几个世纪前出现了海洋帝国，海运才超过内河航运，海洋成为船只最大的用武之地。蒸汽机船只出现后，海运彻底超过陆运，成为最低廉的运输方式。到目前为止，80%的国际贸易由海运来承担。

人类不是水生动物，没有船就下不了海。船的发展与人类征服海洋的历史同步，未来也是如此。当离岛工业、超大型浮体和半潜式浮城普遍化以后，航运技术还会发展到一个新高度。

对于粮食、矿石、金属这些大宗货物来说，人们并不追求运输速度，而是追求载重量。一次运得越多，单位成本就下降得越多，这就使得船舶载重量不断上升。

如果不分用途，只看吨位，历史上最大的轮船名为“诺克·耐维斯号”，一艘新加坡籍油轮，全长达到惊人的458.45米，接近一里路。这艘巨无霸能载重564 763吨石油，美国一半航空母舰的吨位加起来都不如它。

由于体型太大，又赶上石油价格低迷，这艘船于1981年下水后命运多舛，不是被转卖，就是被改造成海上油库，还在两伊战争中被导弹击中过。最终在2009年，这艘船被拆除，使用寿命远低于一般油轮。

“诺克·耐维斯号”变成废铁后两年，韩国制造出排水量更大的“开拓精神号”。它是一艘远洋作业船，主要任务是把海洋平台运到指定位置，再将其落成。

由于任务特殊，“开拓精神号”只有382米长，但是其宽度达到124米，并且前端分叉，俯瞰时像一把巨型叉子。“开拓精神号”的排水量达到惊人的93.2万吨，接近美国所有航空母舰的总吨位。

不过，很多人觉得海工作业船不算是船，只有用于运输的船才叫船。那么，现在最大的船是“马士基·迈克－凯尼·穆勒”集装箱货船，它有400米长，一次能装运18 270个集装箱。

船造得太大会带来麻烦，就是不能进入很多小港口，只能泊在外海，再用小船转运货物。所以，后来以港口为目标的船都没有大的吨位，中国最大的油轮只有30万吨。

如果完全不考虑港口因素，船能造到多大呢？美国有家公司设计出“自由之城号”，长1 372米，宽229米，高107米，重达270万吨。如果建成，其就是一座海洋城市。当然，几乎所有港口都请不进这尊“神”，“自由之城”将永远行驶在海洋上，靠其他交通工具与陆地连通。

02 速度的顶峰

在另外一个维度上，人类会希望船只的速度越快越好，在军事、搜救、短途客运等任务中尤其如此。由于海水有阻力，要提升船的速度，就得在动力、结构等方面作出改变。那些为提高航速而设计的各种新型船舶，统称为高性能船。

说到快，人们立刻会想到摩托艇，它也是最常见的快船。摩托艇能达到时速120千米，已经相当于家用轿车跑高速时的速度了。不过，只有专业运动员才敢开这么快。一般摩托艇开到时速几十千米时，驾驶员还能适应，但普通乘客早就心惊胆战了。

广义上讲，摩托艇属于滑行艇。这类船只底部平缓，高速航行时会抬起，只有部分艇底承受水的阻力。摩托艇是滑行艇中最小的一种，由于载重量极小，只能用于旅游观光。稍大一些的滑行艇载重量可以达到200吨，能运载设备。海军中的鱼雷艇、导弹艇就是滑行艇。

但也正是由于部分船底离开水面，导致艇身不稳，限制了其运载量。后来，人们设计出双体滑行艇。它在水面下有两个分离的船体，由水面上的连接桥连接，高速航行时比单体滑行艇稳定，又扩大了甲板面积。

双体滑行艇多用于短途海运。目前，世界上最快的一艘滑行艇就在阿根廷和乌拉圭两国首都之间跑客运线。它直接使用两个航空引擎，时速达到110千米，连接两个船体的客舱可以运载上千名乘客，在运量与速度之间达到了很好的平衡。

香港和澳门的游客可以乘坐一种快船往来于两地之间，全程约一个半小时，当地叫喷射船，学名叫水翼船。这种船在底部安装类似机翼的水翼，由于水和空气一样是流体，航速提升后，水也会对水翼产生升力，让船的主体离开水面，起到减少阻力的作用。为了安全起见，这种快船一般只开到时速几十千米。水翼船理论上的时速能达到上百千米。不过，如果想通过增加水翼面积来提高升力，船重也会大大增加，所以水翼船很难超过1 000吨，这让它无法投入远洋运输。

通过1995年的电影《红番区》，国人第一次看到气垫船的身影。三峡水库蓄水后，气垫船更成为当地客运的主力，这也是一种高性能船。

它能通过高压空气在船底和水面间形成一个气垫，起到减少阻力的作用，甚至还能离开水面，短暂地驶上陆地。

气垫船的时速能达到167千米，已经超过了水翼船和滑行艇。但是气垫船需要平滑的水面，稍有波浪就难以应付。这让它只能用于短途运输，军事上则用于登陆作战。我国引进的“野牛”气垫船运载量达到555吨，可以把三辆坦克或者360名官兵运到300海里（1海里=1.852千米）之外。

上海析易船舶技术有限公司的专家结合上述船型的长处，设计出T系列高速消波艇。它不仅能在水面上，还能在冰面上达到时速100千米的速度。理论上，甚至能在海面达到飞机起飞的速度。届时，一艘消波艇背负一架战斗机，就能让它在海面上起飞。

03 风帆再登场

如果要推选最廉价的运输方式，海运无出其右。但如果给各行业的碳排放制作一个排行榜，海运也名列前茅。各国专家都在研究如何让海运变得更环保，最有创意的一个想法是把古老的风帆请回来。

与燃油相比，风力是典型的无污染、可再生能源。只不过传统帆船需要靠天航行，速度无法提升，后来被机器所淘汰。今天，帆船只是作为体育项目和旅游项目保存下来。这些现代帆船吨位很小，只能载几个人在海面上游玩。

然而，自从1803年富尔顿发明蒸汽动力轮船后，很长一段时间蒸汽机的功率并不够大，轮船上还配备着风帆，成为一种混合动力船。直到19世纪后半叶，发动机功率达到成千上万马力，船只上才不再有高高的桅杆。

然而，随着科技水平的全面提升，人们已经可以用新型材料制造出巨型风帆，并且用电子系统调整角度，让它们接收来自各个方向的风。于是，风帆再次成为环保型海运的选择。这次它依然不是船舶的唯一动力，而是与机械动力联合使用，其目标是节省燃油，而非完全取代燃油。

2008年，德国制造了“白鲸天帆号”实验船，它的风帆类似于风筝，出海后可以把帆放飞到空中，用系绳传导风力，牵动船体。这块风帆可以升到350米高空，利用高处更强大的风力，产生更强的动力，可节省50%的燃料。

这种风筝式风帆收放自由，不用制造桅杆，但只能驱动吨位很小的船只。日本专家设计的“风力挑战者号”，重新在甲板上竖起桅杆，上面配备“U”型帆面，由于使用了铝与高强度纤维合成面料，巨帆高可达50米，宽可达20米，相当于把10层楼竖在甲板上，大小远超古代风帆。

看过《加勒比海盗》的朋友都知道，古代帆船不耗燃油，但是消耗人力，一个桅杆就要爬上几个人去操作。而“风力挑战者号”上的风帆，其角度和高度完全由电子系统控制，可随着风向灵活调整。

瑞典人设计的“Oceanbird（海洋岛）”混合动力船，载重量达到32 000吨，用于陆地之间的滚装运输。它的风帆高达30米，加上船体，水面上方可达100米。“Oceanbird”的机械动力装置只用于进出港，到了大海上就完全靠风帆，能节省90%的燃料。

中国的“凯利伦号”是第一艘商业化的风帆巨轮。这艘超过30万吨的油轮在甲板上竖起两面帆，高39.68米，宽14.8米，同样由电子系统调节，承受各方面的风。

“凯利伦号”已于2018年11月13日下水，是全球首艘投入航运的高科技帆船。虽然它只能节约3%的能源，但由于其体量巨大，跑一趟新加坡，可节省几十万元的燃油费。

04 飞机来助力

海上运输并非只能依靠船，水上飞机也能助一臂之力。在马尔代夫或者塔希提岛，水上飞机是重要的交通工具。

把起落架换成浮筒，飞机就可以在水上起降。1910年，法国人法布尔研制成世界上首架水上飞机。迄今体量最大的水上飞机，是美国工程师休斯设计的一款木制水上飞机，可惜它只试飞过一次，就成为展览品。

长期以来，水上飞机都不如陆地飞机有竞争力，原因不在于技术本身，而是人类缺乏水上起降的普遍需求。城市、工厂和军事基地大多建在陆地上，飞机自然还是以就近降落在陆地机场为主。但是，随着工业前沿不断推进到海洋里，海上降落的需求将会越来越多。

水上飞机由于要配备浮筒，并且不能收放，增加了空气阻力，所以它们都是低空低速飞机。这种飞机用于作战非常不利，但如果是民用，只要速度明显超过船只，水上飞机就有用武之地。

由于水上飞机普遍体量小，后来又发展出水陆两栖飞机，既有浮筒，也有起落架，可以在陆地机场起降。中国的“鲲龙-600”是全球最大的两栖飞机，它的下部像船，上部像飞机，结合了两种载具的特点，一次可以运载数十人。目前，该飞机主要用于森林灭火与海上救援。和同样能在陆地上降落的直升机相比，它能降落在水面上，只要浪高不超过两米，都不影响降落。与船只相比，它又具有明显的速度优势。

与两栖飞机相似的还有一种飞行器，它既是船，又是飞机，名叫地效飞行器。地效又称为翼地效应，当飞行物体贴近地面时，下面的空气升力会陡然增加。汽车、汽艇在高速行驶时都会形成些微的翼地效应。飞机在下降和起飞时，翼地效应也非常明显。

苏联利用这一原理发明出地效飞行器，绰号“里海怪物”。它的机翼又宽又短，可运载750名士兵，贴着水面以时速800千米的速度前进。

但由于没能解决安全隐患，始终无法投入使用。要取得翼地效应，高度只能在水面上几米之内，浪头稍大就有危险。另外，近海有很多航船，速度只有地效飞行器的十分之一，后者高速前进时，会严重干扰现有航道。

然而，如果以未来的超大型浮体、半潜式浮城或者远岛工业基地为运输地点，地效飞行器的优势尽显无遗。特别是太平洋，许多海域风平浪静，很适合地效飞行器飞行。它比最大的运输机载重量还大，又比普通船舶快10倍，甚至比一般水上飞机都快，在运载量和速度之间找到了平衡点。

未来，地效飞行器可能会伴随海洋工业的发展而复苏。

05　特种船舶

除了司空见惯的常规船舶，人类还为一些特定海上任务制造特种船舶。前面介绍的“鹦鹉螺新纪元号”，就是专门用于深海采矿的特种船。下面，让我们逐个盘点这些稀奇古怪的船。

半潜船就是一类特种船舶，顾名思义，它有一部分潜在水下。潜在水下的这部分主要是装货甲板，上面托运着钻井平台之类的不可分割的大件货物。船的驾驶室则浮在水面上。有些半潜船有动力，有些还需要其他船只拖行，更像一个载货平台。

2002年，中国第一艘半潜船“泰安口号”下水。如今，全球仅有十几艘半潜船，它们不是中国制造的，就是荷兰制造的。美国有需求，都得租用荷兰的。

中国的“新光华号”半潜船的载重能力已经达到98 000吨，可以轻松驮起“辽宁舰”。工作时，它的装货甲板能沉入水下30米，到指定地点后再浮起来。未来建造海上城市，少不了运载几万吨的部件，半潜船会大有用武之地。

要建造如同跨海大桥这样的工程，必须把预制件运到海面上，再吊到指定位置，这就需要起重船。中国拥有全球头号起重船，名叫“振华30”，它能够吊起12 000吨的部件，或者吊起7 000吨的部件后再做360°旋转。

由于起重作业的需求，起重船本身的重量必须远大于货物重量，“振华30”就有14万吨，它们也因此要配备强大的发动机。

中国船舶重工集团公司（简称“中船重工”）正在设计前所未有的核动力综合补给船，上面自带船坞和全套维修设备。如果一艘船在海上损坏，无法移动，综合补给船可以开过去，把它拖进船坞，直接在海面上维修。这相当于把陆地修船厂的部分职能前移到了海洋上。

前面提到的“天鲸号”和“天鲲号”，在填海造岛中大放异彩，这些疏浚船也属于特种船舶。在大连国际海事展览会上，中船重工推出了新一代核动力疏浚船，其主要功能均强于上述两船，成为特大号的“地图编辑器”。

天然气作为燃料，会减少60%的二氧化碳排放，被视为重要的清洁燃料，在工业和交通运输业中以气代油成为趋势。然而，陆地上可以直接用管道运输天然气，但跨海运输就得使用专门船只，这就是液化天然气船，简称LNG船。以上海为例，这座巨型城市的天然气供给主要靠LNG船。

运输液化天然气需要形成−162 ℃的低温，它的储罐也是高压容器，因此LNG船也被称为海上超级冷库。如今，最大的LNG船由韩国三星公司建造，一次可运输26万立方米天然气。沪东中华造船（集团）有限公司正在建造的LNG船，其天然气运输量有望达到27万立方米，刷新这一纪录。

如今，很多新型船只也改用天然气作燃料，这就需要在海洋上进行加注。浙江舟山正在建造世界上最大的液化天然气加注船，其下水后，会成为海洋临时加气站，这也是“工业入海”的一个例子。

总之，各种特种船舶的发展，提高了海洋工程的整体能力，也增加了普通船只的续航能力，进一步减少海洋工业对陆地的依赖。

06　冰海猛士

高纬度地区广泛存在海冰，必须有一种能够破碎冰层、开辟航道的船只，这就是破冰船。它也是一类特种船舶。破冰船把人类的脚步延伸到冰天雪地的高纬度海域，扩大了人类的生存空间。

由于国土面对大片冰海，缺乏不冻港，破冰船几乎成为俄罗斯人的独门绝技。1864年，他们就把一艘小轮船改造成世界上第一艘破冰船。到了1899年，由俄国人设计，英国人建造的“叶尔马克号”，已经能驶进北极。

现在，围绕北极圈的很多高纬度国家都有了破冰船。南极科考由于要突破冰层才能抵达目标，也必须配备破冰船。

破冰船动力强大，钢板很厚，通常要靠冲击力来破冰。与普通船只不同，破冰船在前端也有螺旋桨，旋转时把冰层下面的水抽走，让冰层暂时失去支撑，便于撞击。破冰船通常要造得非常宽，以便在冰层中开辟出航道，帮助其他船只通过，或者抢救陷入冰层的船只。

由于有强烈的需求，在破冰船的升级换代中，苏联始终保持领先。1957年，苏联建造了第一艘核动力破冰船“列宁号”。如今，俄罗斯拥有全球最多、体量最大的破冰船，其“北极号”破冰船吨位达到3万吨，可以碾压数米厚的冰层。

早期破冰船主要用来破冰，或者开辟航道，或者救援被困的普通船只。后来，人们干脆把破冰与运输结合起来，让破冰船直接运载人与货。人们甚至建造了能破冰的邮轮，带着游客在冰面上航行。

未来，俄罗斯还将建造“10510型”破冰船。它宽达40米，相当于半个足球场，排水量高达55 000吨，能击破4米厚的冰层。由于现在北极变暖，冰层变薄，这个水平的破冰船能在北冰洋里畅行无阻。当然，“10510型”破冰船块头这么大，也只能使用核动力。

俄罗斯这些破冰船与中国也有很大关系。现在中国与欧洲的海运要通过马六甲海峡，随着海冰减少，可以北上穿越白令海峡，经过俄罗斯沿海到达欧洲。这条航线叫作东北航线，破冰船是保证其畅通的重要手段。

中国所处的纬度不算高，由于最北端的渤海在冬天会发生海冰灾害，对破冰船有一定的需求。早在1912年，中国就建造过几百吨的小型破冰船。1969年，渤海冰封事件发生后，中国开始研制大吨位破冰船。

后来，由于南极科考事业的需要，中国引进了“雪龙号”破冰船。该船同时也是极地考察船，有2万吨的排水量，负责向南极基地运输物资。2019年，中国自主建造了“雪龙2号”，成为全球首艘能够双向破冰的破冰船。

07 海基发射平台

展望未来，火箭发射专用船会成为特种船舶家族的新成员。

各国主要发射场都建在陆地上，由于火箭箭体会在发射中坠落，这些场地必须远离人烟，而且需通过公路和铁路进行运输，否则一些超宽超大的部件就难以送达。

地球在自转中形成离心力，如果借用它，发射成本会下降很多。这种离心力当然在赤道地区最大，然而打开世界地图你就会发现，这一圈上没有几个国家有实力发射火箭。而有实力做这件事的国家，反而处于高纬度地区。

俄罗斯就很典型，其最重要的拜科努尔航天发射场与中国的哈尔滨市在同一纬度上。我国最南端的文昌航天发射场，也在北纬19°线上，离赤道还很远。

然而，赤道上有的是海洋，如果能在海上发射，不就可以解决这个问题了吗？如果是载人航天，返回舱降落在海面上也更容易被搜索。美国就一直采用海上降落的方式。

中、美、俄都有广阔的领土，而意大利这样的国家，土地狭小，但又希望掌握航天技术，所以率先建起海洋发射平台。早在20世纪60年代，该国就在印度洋上建起圣马科发射场。不过它只是一座固定平台，而海上发射的长处在于平台可以移动。

排除早期的军事需要，当航天发射商业化以后，人们便着手在海上建立移动发射平台。20世纪90年代中期，美国的波音公司、俄罗斯的能源火箭公司、乌克兰南方设计局、挪威的克瓦尔海洋公司共同筹建了一家海上发射公司。他们把一座旧的钻井平台改装成为发射场，称为“海洋奥德赛”。它可以运载3枚火箭，拖行到赤道上进行发射。

2019年，中国在黄海海域使用民用船舶完成了海上平台的试射，将两颗气象卫星送入了轨道，开启了海洋发射的实用阶段。这艘船以烟台海阳为母港。海阳是继西昌、酒泉、太原和文昌后的第5个发射基地。这里不仅能发射火箭，还将制造小型商业运载火箭。

海上发射火箭最大的问题，就是从稳定的地面换成波浪起伏的海面，航向保持、基座瞄准等方面都需要做新的尝试。所以，海上发射平台基本都是由其他船只改建而成的。它所发射的都是固体火箭，现在只是把一些小型的卫星送上天，为陆地发射场分担压力。

大型航天器，特别是载人航天器，必须用液体火箭，其庞大的体积是目前这些改装船吃不消的。不过，如今的船舶制造技术已经可以打造巨型半潜船、起重船和综合补给船，火箭发射船的船型与它们接近，吨位也相差无几。

未来，专用发射船有望达到10万吨级，能够更好地抵抗海浪。将来更有可能直接在超大型浮体上建造发射场。

08　海洋清污船

介绍完那些高大上的船舶，下面再介绍一种不起眼的特种船只，就是专门的海洋清污船。

对于海洋，人类并非只污染不清理，各种海洋垃圾的清理工作早就提上日程。特别是未来海洋工业会以几倍的速度提升，必须事先就做好清污准备。

20世纪70年代，苏联就建造过专门的浮油垃圾回收船，通过分离器回收污水里的油。现在，这类船只较为普通。它们在船首下方配备油污吸收器，船体中部设置垃圾收集舱，既能吸收油污，又能捞取固体垃圾。

浮油带来的污染通常只发生在港口附近。所以，上述清污船通常吨位很小，可以灵活地在海港和海湾的复杂地形中作业。

如果石油钻井平台发生大规模泄漏，平台所有者要先在海面竖起拦油栅，把污染控制在一定范围内。清污船到场后，会向油面喷洒一种磁性颗粒，能吸附起6倍于自身重量的油污。吸饱之后，再由清污船把它们捞走。

德国的科研小组甚至发现了专门吞噬石油的单细胞细菌。它们在油污中会迅速繁殖，吞噬油液，将来有望将其投放到石油污染的海面上进行清污工作。

垃圾在海洋中已经形成漂浮带。既然目标相对集中，便可以派船只进行公益式的垃圾回收。

2018年，一艘名叫“海洋清理001号”的船从美国旧金山湾驶出，开向太平洋的塑料垃圾带。这艘船上携带着一个漂浮管，直径1.2米，长600米，下面还有深2.7米的屏障。这个系统呈“U”型漂浮在海面上，由船只拖带前进。由于塑料垃圾都漂浮在海面，“U”型屏障基本可以把它们集中起来，同时还不影响下面的海洋生物穿行。

海洋清理系统的网眼十分细密，能网住很小的塑料碎片。这种系统无人操作，到达指定海域后，在海流作用下自动“围捕”塑料垃圾。每隔数周，会有一艘船去回收这些垃圾。

这场公益活动的组织者计划投放数十个海洋清理系统，在5年内清理掉一半的太平洋塑料垃圾，到2040年能清除掉所有海洋塑料垃圾的

90%。由于人类在陆地上已经提升垃圾管理水平，预计不会再发生塑料垃圾大规模污染海洋的事件，这次清理将会一劳永逸地解决问题。

可是，把塑料垃圾收集起来后怎么办，是搬回陆地垃圾场，还是焚烧掉污染空气？上海季明环保设备有限公司发明了“木塑”技术，将木料废弃物和塑料垃圾混合起来，形成强度不次于木材的新材料，实现了废物资源化。运用这种技术，还能制造人工鱼礁。在垃圾回收船上直接将塑料压结成块，与其他物质一起填充在密封薄膜里，返航时投入指定区域，形成人工鱼礁的主体。这样，海洋塑料垃圾回收与人工鱼礁的建设合二为一。

英国牛津和剑桥两所大学组成的联合团队发明了另外一种处理办法。他们将塑料垃圾用机械方式切碎，拌入催化剂后用微波加热，90秒后就可分解出氢气。这样，塑料垃圾还可以生成高附加值产品。

09 让船舶变聪明

现在，无人机已经大出风头，无人驾驶汽车也准备上路。那么，无人船有没有可能出海？

其实，远海交通情况比公路要简单得多，卫星导航技术也已成熟，随着船舶自动化水平的提升，即使几十万吨的油轮，也只要两个人就能操作，人类即将走进无人船时代。据统计，仅2019年全球就交易了100亿美元的无人船。

前面提到的海上发射平台，在发射火箭时需要全员撤离，让船只自动运转，也是某种意义上的无人船。马斯克用来回收“猎鹰9号”火箭的平台，在回收作业时现场也不能有人员，同样相当于无人船。

当然，真正的无人船在航行时也没有人驾驶，最多是远距离遥控。早期无人船主要用于陆上水体的环境检测，它们驶到预定位置，采集样本后便返航，所以不需要很大体量。虽然外形像船，并且要在水面上行驶，但是更像某种智能仪器，而不是船。甚至有一种胶囊机器人，小到可以驶入城市管网，检测内部情况。

前面提到的水面垃圾清理，目前主要由人在船上操作，工作条件较差。一些地方也正改用无人船来清理河道。

用于水上抢险的无人船需要把物资送到位，或者把人员救出来，体量就要大一些，类似于快艇。电影《紧急救援》告诉我们，抢救现场本身都有危险性，有可能造成抢险人员的伤亡。无人船在这个领域大有用武之地。

科研是另一个急需无人船的领域。派海洋调查船出海，兴师动众不说，一次航行经过的海面也很有限，派一大批小型无人船便可以“四处开花”。因为不需要载人，不用补充给养，所以能长期留驻海面，变成自动浮标。

中国气象局与中国航天科工集团有限公司研发的“天象一号”，就是无人气象探测船。它有6.5米长，可以在海上停留20天。在深海探测中，人类也早就使用了机器人，它不需要生命维持系统，能够探测更大的范围。

无人船不仅只有这些用途，2018年春节联欢晚会珠海分会场，全国观众从直播中观看了无人船表演。2020年五一期间，江苏盐城还举办了全球首个无人船参加的戏剧演出，入夜，很多无人船载着道具进入南海公园的湖面上，成为演员表演的背景。

如果说这些无人船还类似于航模，大连海事大学研发的“蓝信号”智能无人水面艇就是真正的船。它长达69米，续航能力达到2 500海里，超过了美国军方最大的无人舰。

在军事方面，最危险的海上扫雷工作率先使用无人船，无人反潜舰紧随其后。2018年，中国还启用了全球最大的无人船海上测试场。它位于珠海的万山群岛，面积有770平方千米。

10 码头再升级

没有码头，什么样的船都会成为无根的浮萍，因为码头是陆与海的连接点。然而一提到码头，人们总会联想起熙熙攘攘的劳动场面，似乎很难把它与高科技联系起来。其实不然，当今的码头已经升级换代，包含了很多高科技内容。

20世纪80年代，英国泰晤士港与荷兰鹿特丹港率先开始自动化改造。标准化的集装箱体型固定，便于自动处理，这种改造目前基本都出现在集装箱码头上。不过，它们还需要一部分人在现场，只能称为半自动化码头。

2017年12月10日，被戏称为“魔鬼码头”的上海洋山深水港四期码头开始运营。之所以得到这个绰号，是因为码头上完全看不到人，只有吊车和运输车在活动，像是幽灵在操作一样。作为全球最大的无人码头，这里全靠无人货车运载。因为不用司机，所以也无须驾驶室，这种平板式的车子又称“自动导引车”。它自重近30吨，加上集装箱可达70吨。由于有自动导航，该车停靠位置误差不超过2厘米，超过许多老司机的水平。吊车则由控制塔里面的员工远程操作，机械臂可以自动拆解集装箱的锁垫。依靠先进的信息技术，“魔鬼码头”成为全球装卸速度最快的码头。而对于船主来说，节省的时间就是金钱。

为了停泊更大的船只，这个远远探入深水区的港口本身就集成了很多海洋工程技术。它依托小岛，靠填海造出6倍于小岛的使用面积，成为全球头号人工港。它也有跨海大桥与陆地相通。

不过，这个港还不是亚洲第一个全自动无人码头，青岛港全自动化集装箱码头比它早几个月运营，摘得这顶桂冠。

由于集中大量劳动力，货物本身又有分量，历史上码头就是个伤亡事故频发的地方。散货分装漏斗垮塌、叉车事故、箱体挤压等，各种伤亡原因不胜枚举。无人码头却可以避免这一切，工人只需要在屋子里操作电脑，躲开危险的吊运机械。码头自动化提高的不仅是效率，还有生产条件的安全性。

在国外，日本川崎港、新加坡港和德国汉堡港都完成了自动化改造。中国厦门的远海码头也进入了无人码头的行列。

不过，各种干散货、石油和天然气的海运，现在还做不到自动化装卸，这个课题留给未来。2018年，全球海运总量为110亿吨；展望未来，工厂陆续进入深海大洋后，海运量还会增加。而提高港口装卸效率，正是加快海运的重要环节。

2019年，单纯以重量来计算，中国占全球海运进口量的22%、出口量的5%。如此庞大的运输需求，对码头的升级换代提出了迫切的要求。未来，中国将会引领码头现代化的潮流。

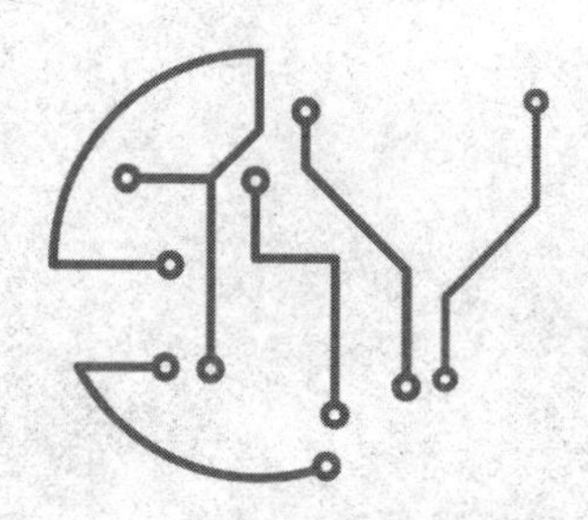

第八章　透明海洋

万顷波涛就是厚厚的面纱，阻隔着人类对海洋的认识。今天，我们已经能绘制出7米分辨率的月面图，但是对于近在咫尺的海底，却无法绘制这么精准的地貌图。

无数海洋科学家的理想，就是让海洋变成科学数据的来源，而不再神秘。2018年，海洋科学与技术试点国家实验室主任吴立新院士提出了“透明海洋”的口号，正是这个理想的代表。

那么，科学家如何让平均厚度将近4 000米的海洋变得透明？这是本章要探讨的内容。

01 从手工劳动开始

本书读到这里，你已经接触了不少海洋学知识。它们都是怎么获得的呢？答案便是海洋测量仪器。为了实现让海洋变透明的梦想，人类发明出一代又一代海洋测量工具。

远古时代，唯一的“海洋仪器”就是肉眼。依靠它，人类观测海面、海岛和海岸线，记录它们的形态。在岸上，人类最常见的海洋现象莫过于潮汐，人们也很早就用肉眼观察潮汐，并进行记录。公元8世纪，中国就编制出世界上最早的潮汐图，可以通过月相推算高低潮。

肉眼帮助人类绘制出简单的海图，1300年左右制作的一幅地中海海图是现存最早的海图文物。

进入大洋，航海人迫切需要知道自己的位置。中国古人发明了牵星术，利用星座与海平面的角高度来确认航向。他们还为此发明了牵星板，测出所在地的北极星距水平线的高度，这就是一种早期航海仪器。

用牵星术得到的结果自然十分粗糙。后来，指南针大大提高了精确性，逐渐取代了牵星术，在茫茫大洋之上，它能让航海家大体知道自己的位置和前进的方向。不过指南针最初发明出来并非为了航海，而是服务于陆地上的封建迷信活动。

在宋代，航海家使用长绳够取海底的泥，再结合经验来辨识和确定自己所在位置。这也是早期简陋的海洋测量工具。

从古代到数百年前，人类都认为海底与海面一样平坦。后来，航海家发明了测深锤，就是在长绳头部系上重物，缓慢地坠入海水，一旦触底便会发生颤动，测量者可以读取绳子上的读数，从而得知水深。由于简便易行，测深锤现在还在使用。

有了测深锤，人们才发现海底原来崎岖不平。1504年，葡萄牙人第一次绘制了标记水深的海图。

透明度盘是另一种早期测海工具，它类似于测深锤，只不过把重锤换成纯白色的盘，国际标准为直径30厘米。测量时把它缓慢沉入水中，直到看不清盘面，此时读取绳上的长度，就能间接反映海水的透明度。

当科学高度发展以后，人们便把海洋中采集的实物带回陆上实验室进行研究。18世纪末，航海家使用采水器提取海水样本，化验研究。直到今天，通过加装各种传感器和机械装置，采水器仍然是海洋科学的重要工具。

达尔文不仅写过《物种起源》，早年他在“贝格尔号”上环球考察时，也制作过大量海洋动物标本。1872年12月，英国“挑战者号”科学考察船进行考察时，使用拖网获得了数千米深海洋动物的标本。

依靠这些简单的手工工具以及科研劳动，人类积累了最初的海洋学知识，但要更深入地认识海洋，还要等到科技手段进一步引入海洋学。

02 海洋听诊器

电磁波会在水中迅速衰减，声波在水里却能传导得比空气还远，于是人们就尝试用声波探测海洋。1490年，达·芬奇便发明了听声管，可以从水里听到远处船只的声音。这就是声呐的原型。

1906年，英国海军专家刘易斯发明了世界上第一种现代声呐，当时只能用于被动聆听，又称为“水听器”。“泰坦尼克号”悲剧发生后，水听器曾经被用来侦测海面上冰山的移动。

1914年，美国人费森登发明了“回声测距仪”。它可以发出低频声音信号，再用电子振荡器接收。利用这个简易装置，费森登能测到3 000米外的冰山。

这是早期的主动声呐。第一次世界大战中的潜艇战促进了声呐技术迅猛发展，法国、俄罗斯、加拿大等国纷纷投入科研力量，研发主动式声呐。法国科学家朗之万使用超声波信号侦测到了水下潜艇，现代版的主动声呐从此诞生。

使用主动声呐可以探测出敌方目标，也会暴露自己，但用于科学考察则没有这个顾虑。1925年，德国“流星号”考察船使用声呐技术考察南大西洋时发现了中央海岭，揭开海洋地质学的新篇章。如果没有声呐，仅靠原始的测深锤，考察千米洋底就是不可能完成的任务。

声呐技术源于军事，曾经也主要用于军事。有矛必有盾，各国也在潜艇上配备反声呐装备，减少被敌方发现的可能。不过大自然没有这个本领，所以声呐民用化的范围逐渐扩大。现在，它已经广泛用于海底地质勘探、鱼汛追踪、海洋石油开发等领域。

用声呐考察海底，必须由船只在水里发出声波。限于海洋调查船的低速度，很多洋底还没有被声呐覆盖。飞机虽然快得多，但如果从飞机上向水面发出声波，在空气和水的交接面会损失99.9%的能量，反射的声波回到空气时，又损失99.9%的能量，两次衰退后，能捕捉到的有用信号不足百万分之一！

为克服轮船速度慢的缺点，有的国家用直升机吊着声呐在海上拖行，但是使用起来很危险。最近，美国斯坦福大学一个研究团队开发出空中声呐，它能使用高灵敏度激光雷达捕捉深海传回的细微回声，加以放大后利用。这种声呐技术成熟后，将会安置在无人机上，在几十米高处掠过海面，迅速探测海底，有望成为新一代声呐。

除了主动发出声波的声呐，当年的水听器也有大发展。现在，中、美、日3国都建有水下监听系统，它们排成阵列，安静地待在海底捕捉声波信息。中国的水下监听系统还配备潜航器和深海滑翔器，能主动对可疑目标进行反应。

03 各路探海法宝

从声呐之后，人类陆续发明出大量专门用于海洋探测的仪器。它们或装在船上，或放置在海岛上，为科学家收集海洋中的数据。

第二次世界大战时期，在海战的带动下，交战国投入巨资勘测海底地貌，也为此不断研发新型海洋仪器。二战后，海洋石油勘探又成为重要的利益推手。从精密声呐到海底摄影，从拖行的深海仪器到载人深潜器，海洋地质研究手段不断增加，人类视野终于穿透平均4 000多米的海水，进入万古长夜般的海底世界。

古代海员就已凭借经验发现，看似浑然一体的海水里面还有着不同的潜流。不过，直到海流计发明后，科学家才能准确记录到海流的范围。这种仪器能够测出海水的相对流速，通过不同海域的速度差来划分海流范围。

1905年，瑞典海洋学家埃克曼发明出早期的机械海流计，通过水流带动仪器里面的转子来测量流速。很快，电子技术便运用在海流计上，出现了电磁海流计。水是导体，当它切割仪器中的磁感线时，就会产生微弱电势，被仪器记录下来。

现在，海流计已经与声波技术相结合，出现了声传播时间海流计。它可以同时向一道海流的顺流和逆流方向发射声波，通过两者传导相等距离的时间差，计算出海水流速。

盐度也是海水的重要指标，它可以切分海流，并且影响水体沉浮。

调查船行驶在茫茫大洋之上，需要迅速得出海水的盐度数据。现在，科学家已发明出高灵敏度原位快速盐度测量仪，投入海水后很快就能得到读数。

大洋盆地往往有几千米深，海洋学家要用取泥器从那里获得实物样本。这种取泥器通过数千米长绳绑在调查船上，船只拖拽着它在洋底滑行，收集样本。

研究海洋的工具，也不一定都要放到海里才能使用，超级计算机就是一例。为及时计算海流、海洋气象等数据，必须使用超级计算机。2016年，位于青岛的海洋科学与技术试点国家实验室就启用了一台超级计算机，名叫“高性能科学计算与系统仿真平台”，运算速度可达到每秒千万亿次，在全球海洋科研领域使用的超算中成为冠军。

这些仪器设备大大开拓了海洋学家的视野。中国拥有全球最大规模的海洋经济，自然要使用更多的海洋仪器。不过目前在这个领域，高端产品进口率达到90%。如何提升中国海洋仪器的水平，是摆在我们面前的一个课题。

04　海洋调查船

远洋的客货轮船都会携带仪器，记录简单的海洋环境数据，它们曾经是海洋科研数据的重要来源。不过，客货运输都集中在特定航道上，绝大部分海洋未被涉及。人类要研究海洋，还是需要特殊船只把专用仪器运到指定位置，这就是海洋调查船。

最初，人类没有专用的海洋测绘工具。大航海时代，地理探测是国家行为，军舰同时担负着科考任务。随着科研工具的专门化，制造专用海洋调查船也提上日程。1872年，英国皇家学会将一艘军舰改造为世界上第一艘海洋调查船，名为“挑战者号”。

这艘长68米、排水量2 000多吨的船，依靠风帆与蒸汽机的混合动力进行了3年多的全球海洋考察。他们发现了多达4 717个海洋生物新品种，采集到大量海水和海底矿物样本，将人类对海洋的认识大大推进了一步。

德国人于1915年建成下水的“流星号”，是海洋调查船的又一个标志，它不是改造于军舰，从制造时就是专用海洋调查船。“流星号”建造于第二次工业革命后，配备了大量的电子设备，并且第一次用声呐探测了海底地貌，改变了人类“平坦海底”的错误印象，海洋考察也从以海洋生物为重点，变成了以海底地质和海水理化性质为重点。

冷战时期，出于军事考虑，各国都在发展大型海洋调查船。瑞典的“信天翁号”，美国的“北极星号”，苏联的“罗门诺索夫号”都是著名的海洋调查船。

最近，海洋考察船越造越大。日本的“地球号”立管钻探船的排水量已经达到5.7万吨，接近中型航母。它的钻探深度能达到6 000米，而大洋地壳最薄处只有5 000米，有望用它来实现“莫霍钻”计划，也就是打穿地壳与地幔之间的莫霍面，直接提取地幔物质。由于深海中有强大的水压，这样做不用担心地幔会喷上来。

1956年，中国将一艘渔船改造成“金星号”海洋调查船，吨位还不到1 000吨。这是我国第一艘海洋调查船，由于续航能力差，“金星号”只能在近海考察。后来，在“挑战者号”完成环球考察后将近一个世纪，我国终于有了一艘能进入大洋的调查船，名叫“实践号”。

进入21世纪，中国在海洋调查船领域突飞猛进。2012年，中国开始组建国家海洋调查船队，当时只有19艘，现在已经增长到50多艘，数量位居世界第二，而在建的海洋调查船数量则居世界首位。这个统计，还未包括“国家队”之外的“地方队”。现在，连厦门大学这样的高校都拥有专业海洋调查船。今后，中国将拥有全球最多的海洋调查船。

05　海上科研平台

大家都见过陆地上的气象台站，它们星罗棋布，位置固定，里面配备各种气象仪器，保持数据记录的连续性。经常有工作人员巡视这些气象站，抄录数据，现在更有全自动气象站，直接向气象部门发回信息。

在地球表面某个位置上进行连续观测，是很多科研工作的需要，但如果没有固定观测点，数据就无法保持连续性。但海洋与陆地的一大不同，就在于海水不停流动，永远不会停留在某处，这给设置固定观测平台增加了难度。

海洋有很多定点观测任务。以气象而言，气温、气压、相对湿度、太阳辐射、风场和雨量这些数据，都需要定点观测。目前，人类主要还是在占地球表面的29%的陆地上进行这种观测，但海洋本身还有水质、水温、盐度和海流等观测任务，也需要定点观测。

除了这些常规数据，还有一些特殊情况需要从海面上实时传输数据。比如海洋溢油事故发生后，应急部门就要把无线充电式浮标投入溢油区，监测溢油扩散情况。沿海赤潮发生后，也需要小型浮标进行监测。

海洋调查船出海执行任务时，船尾经常要拖着一大堆仪器设备，观测各种数据。远看过去，仿佛打鱼的渔网。由于调查船本身也不能长期停留在某处，这种观测便缺乏连续性。

于是，人们就需要建立固定的海上观测平台，把仪器放到上面长期运作，这就是海洋浮标。小型浮标直径3米以下，大型的能达到10米，相当于无人船的体量。这些浮标放在远离陆地的海域，无人值守，高度自动化，内配各种气象水文观测设备。

由于海洋浮标身在远海，电池满足不了长期的能源需求，前面提到的波浪发电、温差发电、水伏发电等就派上了用场。

海洋浮标获得数据后，也无法通过网络传递，所以卫星便成为它们的工作伙伴。中国有个拥有知识产权的卫星网络，名叫天通系统，给海洋浮标提供数据传输，便是它的一个服务内容。

除了浮标，进行海洋科考还会使用潜标，它们潜入水下，记录各种海洋数据。不过，要进行定点观测，定位非常重要，海面上可以由卫星导航系统定位，完全没入水下的仪器怎么办？这就需要一种叫水声定位的技术。通过水声换能器，它把定位信号变成声波，传递给水面下的目标。

很多定位观测设备组成网络，会让科学家在广阔海域上发现某些规律性现象。比如，美国斯克里普斯海洋研究所就通过3 000多个浮标，发现了大洋中某种缓慢的海流。这种海流的速度只有每小时0.022英里（1英里约为1 600米），还比不上初学走路的幼儿的速度，只有靠很多定点浮标联合观测才能发现它。

在近海，浮标通常直接系泊于海底，远海就无法这样做。如今，大型浮标已经接近小船那么大，可以装载动力系统。当无人船技术与浮标结合后，浮标会彻底发展成小型无人艇，本身配备泵式发动机，可以360°喷射水流。

这种船形浮标靠卫星导航系统定位，只要偏离原位，就启动泵式发动机复位，以便常年驻守在某个固定位置。

06 入海之门

2020年11月11日，中国“奋斗号”深潜器成功坐底马里亚纳海沟。自此，深潜器这种海洋科研利器再次进入公众视野。

深潜器看似潜艇，但并非潜艇。为了抵御强大的压力，潜海设备内部空间不能做得很大，而潜艇为搭载武器，内部空间又不能很小，所以潜深很有限。苏联的核潜艇曾下潜到1 250米，至今仍保持着世界纪录。一般潜艇潜入几百米就能执行军事任务。

其为“空间站”，是因为它和太空里的空间站一样需要采用全密封保护，甚至比太空里的空间站要求更严。从地面到太空，环境中只发生一个大气压的变化，而在海洋里，每下降10米就增加一个大气压。

早在20世纪60年代，法国人库司桃就组织过海底生活实验活动。他们把直径5米的钢球放到海面下100米，6名实验人员在里面生活了21天！在美国夏威夷海洋学院进行的水下实验里，他们使用了长21米、直径2.7米的水下浮筒，实验点位于海面下159米处。这些实验证明人类可以在水下进行持续作业，但是这些实验后来都没有了下文。而未来的深海空间站至少要安置在水下1 000米甚至数千米处，不仅要抵抗强大的水压，人员进出还要保持密封，技术要求比飞船太空对接还要高。

中国已经制造出“龙宫一号”，可运载6人，用来检验深海空间站的可行性，但只能持续活动不到1天。

接下来，人类将制造300吨级乃至3 000吨级的巨型深海空间站，其本身就是深潜器的水下母船，能携带大批深海机器人，并将它们释放到海底数十千米范围内。深海空间站驻扎在海底某处，可以考察周围数千平方千米的海域。到那时，《大西洋底来的人》里面的描写就成为了现实。

08 天地协同

陆地、大气与海洋同属地球科学的研究领域，它们之间永远在交换能量。海洋对其上部大气有着重大影响，而海洋又覆盖了地球表面的七成。所以，没有海上的气象观测，全球气象观测就不完善。

要弥补这个缺陷，就需要把气象观测工具运到海上，并且长期驻留，而海岛是最佳地点。中国已经在海岛上设有国家基准气象站、雷达气象站和海洋气象观测站，对海面上空的气象进行持续监测。

监测台风是这些海岛气象站的重要职能。为此，还要专门选择台风经常路过的地方。以广东上川岛为例，每年8级以上大风要刮50多天，至少有两三次台风过境，最恐怖时风力达到了16级。气象员站在风场里观测，必须拴上保险绳，防止被刮飞。

海岛都是自然形成的，位置固定，但未必都是海洋气象观测的最佳地点。气象专家就把观测气球带到海洋调查船上，在预定海域里释放。

20世纪70年代末，世界气象组织发起了第一次全球大气试验，中国参与其中，任务是把船开到太平洋赤道附近，释放探空气球。现在，每次海洋调查船出海，气象观测总是不可或缺的任务。

除了在海面上观测天空，人们还要从空中观测海洋。人造卫星上天后，立刻成为人类观测海洋的工具。就观测范围而言，没有其他工具比得上每天绕地球很多圈的卫星。为了进行长时间观测，海洋卫星在轨时间比较长，必须发射到中高轨道。另外，海洋卫星多数是极轨卫星，它们的运行轨道通过地球的南北极，这样可以获得南北极附近的海洋数据。

早期，人们发射地球资源卫星，让它们在观测陆地的同时兼顾海洋。但是海洋观测也有自己的特殊任务，比如观测海水颜色，以确定不同海域的海水中有什么物质。要完成这些任务，需要搭载的设备也不相同。

1978年，美国发射了第一颗专用海洋卫星“SEASAT-A”，并且搭载了一种新工具——合成孔径雷达。它不受光照和云层影响，能够全天候观测海面。1997年，美国又发射了全球首颗观测水色的卫星，名叫“SeaStar”。

1979年，苏联也开始发射自己的海洋卫星，称为“宇宙”系列，一共有4颗。1987年，日本发射了第一颗海洋观测卫星，取名“樱花”。此外，欧洲空间局、印度、韩国、加拿大也都发射了海洋遥感卫星。

最初，中国只能借用国外的卫星研究海洋。中国科学院微波遥感专家曾经利用美国极轨气象卫星搭载的微波探测仪，对海面气压进行测量。2002年，中国发射了第一颗海洋遥感卫星，名叫“海洋一号”，搭载着海洋水色扫描仪和海岸带成像仪，以观测海水颜色为主要任务。2011年，“海洋二号”升空，专门用于观测海洋动力情况。如今，中国已经有了系列海洋卫星。

09　海洋是间实验室

出海搞科研非常辛苦。一个半世纪前，达尔文跟随“贝格尔号”进行环球考察，几年才回一次家。现在海洋调查船每次出海，也要数月到半年时间。

如今，天上有卫星，地下有实验室，研究海洋还需要亲自出远门吗？当然需要。因为海洋本身的很多课题必须在海洋里面完成。调查海洋生物多样性，就是不可能在陆地上完成的任务。人类迄今仅发现了10万多种海洋生物，但是据科学家估算，这只是全部海洋物种的十分之一，大规模生物调查正持续在海洋中进行着。特别是海洋中层和底栖生物，它们终日不见阳光，科学家必须亲临现场或者指挥无人深潜器进行采样。

在陆地上采集到矿物或者生物标本，要带回实验室进行检测。在气温、气压等方面，陆地实验室与野外环境相差不大。这是实验室能够检测野外标本的重要原因。但是海洋就不同了，无论湿度、压力还是盐分，海水环境与陆地有很大差异。把海洋中的标本带回陆地，尤其是生物标本，还必须在实验室里复原海水环境让它们生存。所以，人们需要直接在海洋环境里进行相关研究。

深海热液是人们重要的科研对象，现在人们都是用深潜器在热液里提取样本，再拿到陆地上的实验室进行检测。这样很难反映深海热液区的高温和超高压环境，即使在实验室里恢复这类环境，也不如在深海热液区进行原地探测更准确。

这个任务对科研仪器的强度提出了很高的要求。中国科学院海洋大科学研究中心的团队专门研制出能耐450 ℃高温的光谱探针，可直接伸入热液里采集数据。

有关海军武器、海洋运输之类的技术实验，更是需要在海洋里进行。俄罗斯有个内海名叫喀拉海，很多秘密军事实验都在这里进行。核军备竞赛时期，由于氢弹威力比原子弹强大得多，各国往往选择在海岛上进行试爆。世界上最大的氢弹就是在苏联的新地岛上爆炸的。

由国家海洋局制定的《海洋调查规范》，已经由国家标准化委员会确定为国家标准，具有强制性。这个规范对海洋水文、气象、化学要素、生物调查、地质调查等都做了规定，其中有很多项目都必须在海洋环境里进行。

由于普遍使用信息技术，现在的仪器设备已高度自动化，科学工作者相对于前辈多少都有些“宅”，他们需长时间坐在电脑前。

然而，科学研究需具有探险精神。曾经的科学家上穷碧落下黄泉，在地球的每个角落寻找有用信息，靠的是对事业的热爱。

如果你选择了海洋学，就要做好年复一年地奔赴海洋的准备。

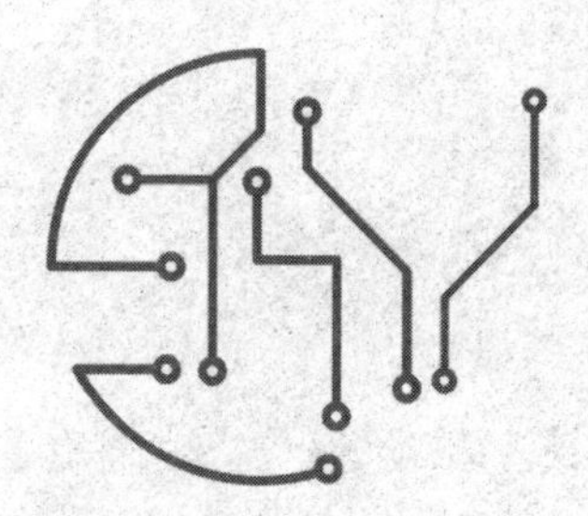

第九章　海上人家

奇幻电影《加勒比海盗》以风格独特而著称。故事中讲的海盗，首先是一群在海上生活的人。他们有自己的社区，有自己的视野；他们思考问题的方式也不同于陆地居民。甚至，他们还有一部《海盗法典》来解决海上的纠纷。

艺术源于现实，海洋经济蓬勃发展后，那些以海为生的人建立起自己的社区，创立了独特的文明。现在，这些都还不是人类的主流。然而，未来呢?

01 滨海社区

提起葡萄牙、西班牙、英国与荷兰，人们都称它们是海洋帝国。然而复旦大学葛剑雄教授却指出，如果陆地能够解决他们自身发展中需要的资源，他们是不会从事航海的。

人类第一波海洋开发，就是这样由边缘国家“无心插柳”而形成。结果，便是在今天，上述国家无一进入海洋经济规模排名榜的前列。现在的前三名是中国、美国和日本。尤其中国，2 000多年都是陆地经济王国，现在却毅然转向海洋，成为海洋经济大国。

下一波海洋开发，人类应该会有意识地利用海洋，改变现有的经济和社会结构。如今，中、美、日不仅是海洋经济的前三名，也是目前海洋科研成果的前三名，对海洋开发有足够的理论指导，“据陆向海”将成为长久的国家目标。

当然，这个宏伟目标的第一步还不是大洋深处，而是发展滨海社区。围绕海港发展起来的社区，从简单的海运开始，逐渐发展出加工制造、内陆贸易、科研和教育等行业。在这种社区里，海洋经济占主导地位。

目前，全球每天平均有3 600人从内陆移居海边，海岸线60千米内居住着全球一半的人口，形成了大片富裕的滨海社区。全球前十名的大都市，有6座位于海边，或者有河道直通入海。

从南宋开始，临安、广州和泉州就成为大型滨海社区。此后，即使受明清海禁影响，广州也是典型的滨海社区。上海后来居上，小小的土地面积，GDP却占到全国的十分之一。

虽然海岸线没有发生变化，但在1978年前，沿海是边防前线。由于国际局势紧张，滨海地区无法借海致富，反而有很多地方成为贫困区。

早在20世纪80年代，天津塘沽就出现了一个自发的“洋货市场”。远洋归来的海员们带来外国商品在那里售卖。后来，这个“洋货市场”居然成了一个地名。这段故事也记录着中国滨海社区的恢复。

过去40多年中国经济的腾飞，滨海社区起了主导作用。如今，上海、深圳、广州、天津、大连、宁波、舟山、厦门和青岛都宣布要建成“全球海洋中心城市”。在其公布的有关规划中，不乏“绿色活力”“大气磅礴”“时尚浪漫气质”等形容词。这已经超越了经济范畴，突出了滨海社区的本质特点。在青岛、大连、岱山这些地方，当地政府也都着眼于打造海洋文化。

“据陆向海”的第一步，从提升滨海社区开始。

02　向海洋要陆地

在陆地争霸的历史中，一些民族被挤到海边，无从向内陆发展，只好向大海要土地。另一些国家完全封闭在海岛上，也需要向海洋借地。这些国家的人们成为人造陆地的先驱者。

荷兰人是海中建陆的创始者。早在公元13世纪，他们就凭借原始的手工劳动开始了这一壮举。荷兰人直接修筑海堤，围住浅海，再从远处的丘陵取土将它们填平。靠着这种精卫填海般的努力，他们从大海里“创造”出五分之一的国土。荷兰人自豪地说，上帝创造海洋，荷兰人创造陆地。

全境“泡”在海洋中的新加坡，也必须向海洋要地。新加坡从邻国购买土石方，以每天1.4万平方米的速度不断向海洋拓展。

第二次世界大战以后，日本成为填海大国。从1966年开始，他们在神户外海建设人工岛，目前面积已经超过4平方千米。上面有港口、商店、展馆、学校和医院，成为一个完整的海上城市。日本还有个“国土倍增计划”，要在两个世纪内填出1万多平方千米的陆地！

日本还计划在东京附近的海湾里建造“天空英里塔”，高1 600米，差不多是迪拜哈利法塔高的一倍多。它是“东京2045计划”的一部分，而这个计划的主要目标就是应对海平面上升。设计者认为，如果在海滨把建筑尽可能竖起来朝天空发展，就不用怕海平面那一两米的上涨。

按照计划，“天空英里塔”底层是基础设施，中间是工业区，上层是居住区，能住5万人，还能吸引50万人从远处来此工作。这么高的建筑当然需要各种新设计，比如通过收集雨水来解决淡水的供给。

人工岛不同于一般的填海造地，它们不与陆地接壤，只靠海底隧道或海上栈桥与陆地连通，或者完全靠船运。在明代，沿海居民在大洋中建立各种“墩”，以储存物资和避风，这就是原始的人工岛。随着经济发展，各国都在建设人工岛，它们或者完全填海建造，或者以小岛为基础扩建而来。

从2003年开始，迪拜建设“世界岛”，力求成为最大的人造岛项目。“世界岛”包括300个人工岛屿，按照五大洲的位置分布，组成微缩版地球，上面有住房、酒店和休闲旅游设施。由于在金融风暴中资金链断裂，“世界岛”成为全球头号烂尾工程。但它树叶般的优美形状仍然不时出现在各国旅游节目当中。

中国虽然土地广阔，但不乏香港这样局部缺土地的城市，香港就有大规模的填海造地工程。2019年，香港计划在新界建造人工岛，面积达10平方千米，可建20万所房屋，一举解决香港住房紧张的问题。这个人工岛将成为香港新的经济开发区，提供数十万个就业机会。

在南海七连屿和永兴岛这些地方，中国已经通过吹沙填海，将陆地面积翻了倍。永暑礁上新建的机场已经可以起降波音737和空客A320。

在海平面不断上升的今天，填海造陆和吹沙扩岛都会以更大的规模去实施。

03 海中的足迹

打开世界地图，你会在海洋里看到一条条虚线，纵横交错。它们就是海洋航线，刻印着人类在海洋里的足迹。当人类还无法长居海洋时，水手们不是航行在既定航线上，就是为寻找新航线而出海。今天，也正是海洋航线编织起人类命运共同体的骨干网。

人类在文字形成以前就开始航海，那时航线保存在水手的记忆中代代相传。通常情况下，水手们都是紧贴海岸线行驶，遇到危险随时靠岸。不过，就是在那个无文字的时代，太平洋中的波利尼西亚人却能够散布在很多岛屿上。到现在为止，考古学家仍然未能完全理解他们如何掌握了远洋航线。

欧洲最早有关航线的文字记录出现于公元前4世纪雅典作家色诺芬的《长征记》。在中国，最早记录海洋航线的是《汉书·地理志》。从战国时期的齐国开始，中国便开辟出了前往朝鲜和日本的航线。在漫长的中古时代，中国与南亚和阿拉伯地区之间都有频繁的海洋运输，也在沿途形成了固定航线。郑和下西洋时使用的海图，名为《自宝船厂开船从龙江关出水直抵外国诸番图》，是全球保存下来的最早的海图。它也是到这个阶段为止，人类开辟航线的集中体现。

进入大航海时代，西欧诸国探险家纷纷出发，在大洋上寻找新航线。从美洲到非洲，从大西洋到太平洋，一条条新航线被开辟出来。他们甚至跑到美洲最南端的火地岛，以及最北端的北极群岛，在这些岛屿的缝隙里寻找可能的航线。欧洲人正是凭借对全球航线的整体认识，一跃成为数百年历史走向的掌控者。海洋航线就是编织人类近代史的经纬线。

即使在今天，人类开拓海洋新航线的历史也尚未结束。最前沿的目标莫过于“西北航道”和“东北航道”。从亚洲出发北上，穿越白令海峡，再经俄罗斯外海到达西欧，这条航线称为东北航道。如果从白令海峡经加拿大外海再到西欧，则称为西北航道。

早在大航海时代，欧洲人初步掌握全球水陆分布概况之后，便有人推测沿这两个方向能到达富裕的东亚，比当时绕经非洲好望角的航线要短得多。但是沿途海岛密布、万里冰封，从哪里航行才能安全通过？一代代航海家都在探索这两条航道。荷兰人巴伦支在新地岛遇难，他当时的任务就是寻找东北航道。

这些年由于北极冰盖收缩，一年中有好几个月这两条航道都能够通行大型货轮。如今，越来越多的远洋船只经过这两条航道，它们接通东亚和西欧，成为我国外贸线上重要的新航道。

04　海上员工

虽然家在陆地，但是职业生涯主要在海洋上完成，靠海洋积累个人财富，改变个人命运，这样的人称为海上员工。这是第一批“海人”，也是人类社会中比例越来越大的一个群体。不同于小农经济时代的渔民，海上员工受雇于大型企业，或者政府。他们的劳动工具体量大、技术先进、续航能力强。今天，海上员工已经成为海洋经济的主力军。

在大航海时代，海员们出海一次，时间通常以年来计算，这期间他们日日夜夜都工作在海洋上，数百平方米的甲板就是他们的生活空间。今天，中国有些远洋渔船还会以年为工作周期。

海洋科学家是另一个以海为家的群体。他们常年生活在海岛上，或者随海洋调查船出海。如果要是往来南北极，更是一两年见不到家人。海洋风机维修员则是新的海洋职业，他们的任务是驾船出海，维修一台台海洋风机。在最近的科幻片《信条》里，主人公藏身在海洋风机当中，其中便有几个镜头给了这个群体。

在帆桨时代，出海全靠体力，船舶上是清一色的男人。这样的社会分工会产生副作用，船员们把妻儿留在岸上，导致家庭问题不断。直到20世纪80年代，笔者的老师都会善意地提醒男生报考与航海有关的专业时要慎重些。蒸汽机轮船出现后，体力劳动在航海中的成分不断下降，越来越多的女性员工上船出海。在海洋调查船的科考队伍中，在邮轮的员工中以及渔业船上，常年在海面上工作的女性已经有相当比例。

在陆地上，各种生活资料可以向工厂和矿山附近的社区购买，学校、医院这些设施也都可以由大型工厂自行建设。而在海上作业，就必须携带各种补给。如今，受制于运输能力和海上储存能力，海上作业补给范围还很有限。不过，随着船只体量的不断增加，诸如商店、影院这些娱乐场所已经纷纷上船。未来，如果出现可以容纳上万人，驻留时间以十几年计算的巨型海上平台，那么大型商场、学校和娱乐设施也会纷纷建在上面，甚至可以出现高等级医院。以南太平洋为例，几百万人散居在几千万平方千米的海域里，很难在每座小岛上都建设高等级医院。遇到疑难杂症，岛屿上的小医院很难处理。中国“和平方舟号”专业医院船经常航行到南太平洋诸岛，为当地病人诊疗。

海上平台逐步完善后，由于它们本身就是资本密集型企业，会为员工建设高等级综合性医院。除为本平台人员服务外，还会就近收治岛屿上的病人。

一旦这些后勤行业迁入大海，海上员工的成分就逐渐与陆地接近，而不再是清一色的男性青壮年。届时，“海半球”上也将出现完整的人类社区。

05　船舶社区

《泰坦尼克号》曾经雄霸世界电影票房榜首10多年，它还创造了一个奇迹——几乎所有情节都发生在船上，那里有职业分工，有阶级分野，有民族界限，有人类社区里面的各种矛盾。全片陆地镜头不足十分之一，这样一部电影却吸引了有史以来最多的观众，“船舶社区”的独特魅力得到了很好的展示。

船舶社区是海洋社会学的概念，指一群人长期生活在船舶上所形成的社区现象。当船舶体量还很小，只用于内河摆渡时，不会形成船舶社区。这种独特的人类社区出现在远洋船只上。进入大航海时代，一次远航要数月到数年。后来，配备有制造淡水设备的捕鲸船创造过4年不进港的记录。在此期间，对于船员来说，作业船本身就是人类世界的全部。船上所有人都要在狭小的空间里密切接触，形成了独特的社区现象。无论是船员们共同抵御风暴，还是水手们反抗船长，都是船舶社区里独特的现象。

17世纪的英国海盗塞亨马缪尔·罗伯茨甚至编写过船规，为管理船舶社区定下规范。这个人就是《加勒比海盗》中杰克船长的原型，他那个简单的船规也被电影夸张为《海盗法典》。

泰坦尼克号上之所以能形成复杂的船舶社区现象，原因在于它是当时体量最大的邮轮，还兼有班轮性质，可以让各色人等漂洋过海。如今，大型远洋邮轮仍然是成分最复杂的船舶社区。在那些排水量超过10万吨的巨型邮轮上，除去来来往往的数千名游客，还有1 000多名工作人员，他们中间不仅有水手、服务员，还有厨师、演员、医生等。这些人不像普通游客那样只在船上待几天，他们通常在海上工作几个月才会有假期。与陆地员工不同，他们与家人相处的时间要短于在海上与同事相处的时间，所以他们必须学会如何与陌生人、与无血缘关系的同事打交道。这些邮轮上的员工往往来自许多国家，他们还得学习外语，学会如何与不同民族的同事打交道。

除了邮轮，海洋调查船上也有复杂的社区现象。科学家有男有女，来自不同专业，经常也会来自不同国家，他们要在大洋上工作数月，甚至跨年。他们也要在相处中学会协作，学会理解和沟通。

随着船舶越造越大，船舶社区里也会产生越来越多的故事。在不远的未来，当海面上出现超大型浮体和半潜式浮城以后——它们中的每一座都是海洋城市，它们将会是船舶社区的极致。

06 岛屿新世界

在韩寒的电影《后会无期》中，主人公生活在东极岛，受到广告的引诱买了一辆车，无奈这个岛只有11平方千米，车子整日停放在家中。终于有一天，他和伙伴们开着车离开海岛，畅游大陆。

提起岛屿，人们往往会联想起英国和日本那种岛屿国家。不过，虽然它们在理论上算是岛屿，但由于面积很大，兼备各种地貌，在上面生活的人完全把它们当成微型大陆。相反，那些小到在任何地方都能看到海边的岛屿，会组成一类特殊的海洋社区。由于面积小，人口稀少，小型岛屿无法形成完整的产业链，这是它们与英国和日本这些岛屿国家的不同之处。在航海技术没有发展起来的时候，岛屿与外界长年封闭，经济发展十分缓慢。随着人类逐渐走向富裕，以及航运能力的不断发展，岛屿也开始改变面貌，印度洋的马尔代夫便是其中的典型。马尔代夫的最大岛屿马累岛只有2平方千米，相当于中国的永兴岛，其他很多岛屿曾经完全无人居住。

历史上的马尔代夫默默无闻，主要物产就是船只上使用的绳索，间或有船只在躲避热带风暴时靠岸。1972年，该国引入西方旅游公司，以岛为单位进行旅游开发。四十几年过后，马尔代夫已经成为全球海岛旅游经济的榜样。在它的带动下，印度洋的毛里求斯、太平洋的塔希提等，都靠与全球经济接轨而翻了身。

这些国家并没有有名的人文历史可以展示给游客，各种旅游岛屿完全依靠现代科技打造出舒适的旅游体验。它们往往配备快捷的网络，有水上飞机和高性能船只进行运输，更有远洋航班通往世界各地。住在岛屿度假村里，身体与世隔绝，却能及时和世界沟通。接下来，由于已经建成优良的基础设施，随着网络办公技术进一步发展，不排除这类岛屿会成为精英阶层的长期办公地点和会议地点。

在中国，岛屿社区曾经长期属于扶贫地区，绝大多数有人居住的岛屿上没有工业，只有渔业和少量的种植业。而且，很多小岛最重要的问题不是发展经济，而是解决淡水供给。

随着海洋经济的发展，这些岛屿反而变身为重要的经济区。中国的海岛县中，山东的长岛县（现已撤销）、浙江的嵊泗县都位列本省人均GDP第一，其他如广东的南澳县、福建的平潭县、辽宁的长海县，也都是当地的富裕县。

07　陆地移民

科幻片《来自地球的男人》讲了这样一个故事，主人公奥德曼活了1.4万年，在今天成为一名历史学家。为了掩盖自己不死的秘密，他必须每10年搬迁一次，并更换身份进入新的生活。

如果真有人能活这么久，他能看到的最大变化可能就是海平面忽升忽降了。以福建为例，1.5万年前的海平面比现在低120米到160米，从那时到现在，全球淹没的陆地相当于一个南美洲那么大。而在5 000年前，海平面又高出现在4米。

在古代，人类为什么没有有关海平面升降的记录？首先是因为在3 000~5 000年前，海平面到达现在的位置后，基本没什么变动。其次是因为古文明都诞生在内陆，后来才逐渐朝海边转移，大多数古代文明对海洋并不重视。

今天的情况则完全不同，人类的主体已经靠海而居。所以，今天海平面的升降对人类影响很大。上海、天津这些大型工业城市都受海水倒灌的影响，如果本世纪末海平面升高1米，势必影响很多海滨城市的生活。怎么办？是填海、筑堤，还是回迁内陆？饱受风暴潮威胁的美国新奥尔良就有人设计了海上城市，希望能永久在海上定居。

新奥尔良是座海滨城市，2005年因飓风灾害而被人们所熟知。新奥尔良平均海拔已经低于海平面，最低处比海平面低3米，平时就靠防洪堤、排洪渠和水泵解决问题。飓风“卡特里娜”摧毁了该市的防洪堤，导致了灾难的发生。事后，当地在原防洪堤外面建了新的防洪堤，暂时解决了问题。然而，新奥尔良其实是世界很多海滨城市的缩影，它们或者已经低于海平面，或者未来一个世纪内会低于海平面。但如果生活在漂浮于海面上的人造浮城，那么无论海平面如何变化，都不会受到影响。

作为永久性解决问题的办法，“新奥尔良海洋城市”设置在离旧市区不远的海面上，这样，当地居民可以随着新城扩建而陆续迁入，不会导致人口与职业的剧烈变化。这是一座模块化城市，在陆地制造出模块后，在海面上组装。不过，新奥尔良本身就是个经济欠发达城市，新建的海洋城市虽然在设计上很大胆，但现实中却没钱建造。然而，对于纽约、上海、东京这些既有钱，又急需解决海侵问题的海滨大都市来说，海洋城市的方案就可以考虑。

这种以陆地移民为主的海洋城市，将建立在陆地旧城附近，以便使原城的职能平稳过渡。以上海为例，最重要的金融业可以先搬迁到海洋城市，然后吸引越来越多的行业迁过去。

08 海上联合国

如今一发生国际争端，人们就会问“联合国在哪里”，其实，直到2019年，联合国会费总额才30亿美元。

联合国如果想真正做点实际工作，必须有独立财政来源。各国会费来自各国财政，联合国没法插手，但是在各国主权范围之外的地方，联合国却有权管理，这包括太空、南极洲和公海。既然太空和南极洲暂时不能搞商业开发，联合国的财政来源有可能先从公海和区域中获得。

公海占海洋的90%，占整个地球表面的65%。公海下面的洋底在国际法中叫作区域，由联合国下属的国际海底管理局管理。可以说，大部分地球表面不属于任何一国，而是由人类共有，这些地方客观上需要管理者，那当然只能是联合国。它可以从这两处的经济活动中收税，并且成为这些地方各种纠纷的仲裁者。

由于技术条件限制，各沿海国家目前主要开发周边领海和专属经济区，公海和区域的开发都还没有提上日程，但是已经箭在弦上。如前所述，十几年内，人类将会开发深海的矿产和生物遗传资源，而这些领域都已经出现法律纠纷。

区域中的生物遗传资源最为典型，它主要来自深海底栖生物，只有装备了深潜器的国家才能谈得上开发，全球也就10个左右的国家有这样的实力，它们希望先到先得。而那些没机会开发的国家就希望把区域作为人类共同的资源，实施共享。

能解决矛盾的可能只有联合国，最佳方案是允许各国企业开发这些资源，同时向联合国有关机构交资源税，再用这笔税收补贴发展中国家和科研与教育事业。

深海矿产存在着同样的问题。现在还只是小规模试采，没人赚到钱。一旦开采成本下降，能够规模化经营，很可能是一笔数千亿及至上万亿的生意。如果收益全部被一两个国家甚至一两家公司拿走，肯定会受到抵制。而联合国有资格从这个行业里收税，并对沾不上光的国家进行转移支付。

甚至，联合国总部和它的各种机构也可以考虑搬迁到公海。目前，联合国总部位于美国纽约，虽然联合国声称其所在地是一块国际领土，但是外国政治家要进出联合国总部，还需要美国签证，美国也经常借机做手脚。

联合国总部占地6万平方米，一个设有机场的超大型浮体完全可以容纳它，甚至把分散在各地的联合国机构都放在海上。

有海洋经济的强大支撑，联合国可能不再只是开会的地方，而是真正能够救灾、扶贫和维持和平的人类共同机构。作为海洋经济头号大国的中国，也将是这个人类共同机构的“台柱子”。

09　海上民族

2003年，笔者在海南旅游期间，从导游那里知道了一个不属于56

个民族的独特群体——疍家人。56个民族都在陆地上生活，只有他们完全漂泊在海上。

疍家人是广东、广西、福建和海南所有水上居民的统称。传统疍家人从出生就在船上，终生不在岸上定居。通过打鱼、摆渡这些谋生手段，他们与陆地居民进行交易。广东著名地方小吃“艇仔粥”就源自他们的生活。

由于不能上岸，过去疍家人几乎文化水平都不高，无法记录自己的历史。据学者研究，他们可能是由古越人或者古汉人演化而来。由于长期在水上生活，他们在陆地上没有财产，十分贫困。

疍家人的全部资产就是船，一旦出海渔猎或者驾船运输，就相当于全家搬迁。这与陆地上人们安土重迁的习惯呈鲜明的对比。所以，疍家人通常只能在内部通婚，这样就繁衍出一个以船为家，居无定所的特殊族群。

历史上疍家人总数究竟有多少，已经无法统计。20世纪初，疍家人可能占广州市民的十分之一。直到民国时期，政府才以法律形式宣布疍家人有公民权利。1949年以后，政府专门在广州为疍家人划出一个珠江区，并出资协助疍家人上岸定居。今天，完全过水上生活的疍家人几乎已经消失。

除了中国的疍家人，地球上还有一个纯粹的海洋群体，名叫巴瑶人。他们以菲律宾为中心，分散在6个国家当中，人口总数有40多万。巴瑶人也没有文字历史，学术界迄今研究不出他们的来历，大体认为他们是从陆地农耕民族中分化出来的。

虽然像威尼斯这样的滨海城市，人们出行也靠船，但是巴瑶人完全住在海上。他们的船又叫船屋，一个部落的船屋通常集合起来出海打鱼，互相协助。他们与陆地居民交易海产品，中国很多餐厅里都有他们的劳动果实。由于长期潜水，巴瑶人的脾脏都比陆地人的大。

无论疍家人还是巴瑶人，地方政府都从人道主义角度帮助他们在陆地上定居，因此这两个群体的人数越来越少。不过，这些海上生、海上长的人群，一直从海洋视角观察陆地，他们眼中的世界一定与我们不同，只是很少有人予以记载。

只有个别文艺作品描写了这种特殊的“海人”视角。在科幻片《未来水世界》中，全球几乎都被水淹没，人类生活在海上木屋或者废弃的轮船中。由于习惯了波浪，一旦踏上陆地就会“晕地”。而在过去，疍家人就有这个特点。

在《海上钢琴师》中，主人公是1900年被船员们在轮机舱里发现的弃婴，于是大家就叫他“1900”。他被海员们抚养长大，终生不离开那条船。他几次有机会登陆，都因为难以适应陆地而返回，直到轮船报废拆解时，他选择与船同亡。

无论真实的“海人”，还是艺术作品里的“海人”，命运都非常不幸。然而，将来的“海人”可能不是这样，因为他们来自陆地，可能是知识水平最高、经济能力最好的群体。

10　未来的“海人”

在凡尔纳名著的《机器岛》中，岛上不仅有居民、水手，还有军队和警察，可以抵抗海盗，与英国海军对抗。最后，他们还要选举执政官。总之，这是彻底的海洋社区，也是人类走向海洋的终极目标。

大批陆地人群将会定居海上，形成未来的海洋群体。其首要条件是海洋上有了工业，它们目前可能在荒岛上，或者在半潜式浮城、超大型浮体上。它们不再是钻井平台上那一亩三分地，其面积将以平方千米计。以南太平洋诸岛为代表，很多远离大陆的岛屿都会成为高新科技产业园。

像疍家人和巴瑶人那样，海洋社区要有独立的产品来与陆地进行交易。从目前情况来看，这些工业品都是高附加值产品，能够在海陆交易中占上风。

海洋社区拥有比陆地更多的人均资源、更高的人均产值，必然会吸引陆地上高技术群体向海洋迁移。海洋工业为了留住员工，也要扩建生活设施。由于有足够大的面积，这里将会有定居点、医院和学校，满足一个人从生到死的各种需要。

海洋员工的性别比例也会发生变化。过去，无论海员还是海洋石油工人都是典型的男性职业。中国海员虽然有六分之一是女性，但几乎都在内陆和近海工作，深海远洋一律是男性的世界。将来，海洋产业的科技含量越来越高，工作风险逐渐下降，必然会吸引大批女性前来就业，最终达到性别比例的平衡。

未来的海洋员工将在海洋社区安家立业，他们的孩子会出生在远岛，甚至出生在人造浮城上。新一代人从小就在海洋上生活，以海为家，由于他们大多来自科技工作者家庭，教育水平也会普遍高于陆地。

在工业设施完备的同时，康养体系也会在海洋上建立，它们能吸引陆地上的老年人在海上安度晚年。如今，大型邮轮的主要消费者就是中老年人，很多海洋城市的设想也以向老年人销售居所为主。未来将有很多高品质的养老机构出现在大海上。

当纯粹的海洋社区具备竞争力后，趋海移动会进一步提速，大批陆地居民将跨越海岸线，把海洋视为归宿。抛开人工岛不谈，就以南太平洋诸岛来说，其自然条件完全可以容纳几倍于现在的人口。只是由于缺乏经济前景和基础设施，域外人群才只把这里当成旅游目标。

当大批海边居民成为海洋居民后，他们留下的位置将由内陆居民填补。人类主体继续由“地半球”移向“海半球”。这一切将发生在未来的一到两个世纪内。

未来的“海人”不仅工作在海上，他们还要在海上娱乐、消费。他们开始用海洋的眼光看待陆地、看待地球、看待人类的未来。最终，在海洋里将会诞生新的文明。

它会是什么样的呢？

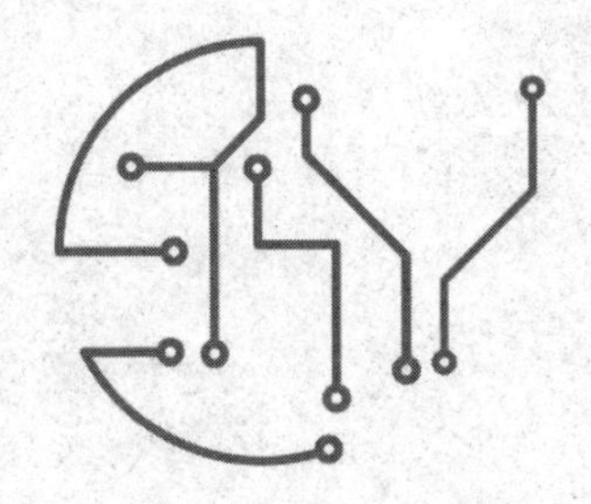

第十章　海之文明

地球其实是水球，那么，人类是否也会成为“海人”呢？

在古猿和南方古猿之间，有段长达280万年的化石空白期。1960年，英国人类学家哈代提出假说，认为这段时间人类祖先下海生活，才给我们留下光滑皮肤、真皮层脂肪与含盐的眼泪这些海洋生物痕迹。

“海猿”到现在还是一种假说，人类进化为“海人”，却很可能会在几个世纪内发生。当然，未来的“海人”与我们并没有身体上的区别，他们将使用完全不同的科技，建立完全不同的文明。

让我们在本书结尾，一起畅想这个伟大转变吧！

01 海洋经济，从附属到主体

曾经有种观点认为，人类正从工业社会发展到信息社会。受其激励，美国人彼得·蒂尔投资信息产业，并成为巨富。此外，作为全新的探索，彼得·蒂尔开始投资“海上家园计划”，试图建设一个永久性海上基地。

下一个时代可能不是信息时代，而是海洋时代，在这里才能获得物质资源的跃升。海洋时代的第一个宣言来自《海底两万里》，凡尔纳设想了完全不依赖陆地的海洋经济。尼摩船长和部下反感陆地文明，甚至不吃陆地食物。他们吃海鳖的里臀、海豚的肝、鲸奶油糕，从北极海藻中提取糖，用海洋生物“秋牡丹”制造果酱。

这个海洋部落用贝类的足丝做衣服，从地中海海兔中提取染料，从海产植物中提取香料，用大叶海藻制成床垫。他们用鲸鱼须制成的笔蘸着墨鱼汁写字。他们还进行海底养殖，培育巨型珍珠，然后拿到陆地上卖钱，资助各国民族解放事业。如此下来，尼摩船长不仅可以在海洋里自给自足，还能实现“出超”。

从能源到材料，从食物到服装，打造完整的海洋经济链，这个宏伟的设想当然不可能在一艘潜艇里实现，而是需要完整的海洋工业。目前，海洋经济在国民经济中的比重不断增加，预计到2030年，海洋经济将占中国经济的15%。

对于马尔代夫这类岛屿国家而言，国民经济的基础就是海洋经济。不过，大中型经济体还没发展到这一步，即使是四面环海的新加坡，海洋经济也只有十几个点的比重，其原因很大一部分在于本书前面提到的那些海洋高科技，很多都还没有投产，海洋经济的空白点太多。以海底采矿为例，现在的业绩还是零，因为第一艘深海采矿船还没有正式投入运营。

海洋制造业和矿业一旦形成规模，海洋能源开发也会跟进。如今，成规模的海洋能源只有深海石油和海洋风电，它们也完全服务于陆地经济。如果洋流电站、水伏电站甚至水滴发电站大规模建成，海洋能源比例就会大大提高。但是，这些电站并不能远距离输电，必须等海岛经济或者海上工业发展起来才行。

再以深海鱼为例，人类从全部依靠捕捞，发展到现在的半养半捕。将来如果深海鱼基本靠养殖，海产消费还会大大提高。几十年前，中国人哪里能吃到三文鱼？现在小城市的餐厅都有供应，原因便是改捕为养。在三文鱼的主产地挪威，野生三文鱼只有几百万尾的存量，而人工饲养量已经超过1亿！

随着海洋经济的发展，一些与之内容重合的陆地经济将会萎缩，典型的就是采矿业。在陆地发展矿业，极大地破坏了环境，这个隐性成本也正在矿产品价格上体现出来。当海底矿产被大规模开采后，陆地矿企会大规模停业。

最终会有一天，海洋经济在国民经济中的比重超过50%，人类变成主体在海洋的种族。从2050年到2100年，这个目标有可能会在其中的某一年实现。

02 海洋金融，新文明的加速器

将本求利这种模式并非现代社会才有，黄世仁这样的老地主都会用。但是进入工业时代以后，资本与前沿科技相结合，既助推了后者，又让其本身暴涨。从蒸汽机到铁路，从钢铁到石油，从电子到信息，资本总能捕捉到每个时代的科技热点。过去100年造就的全球首富，都置身于当时的科技前沿。那么，海洋科技呢？

大航海时代，投资一艘船让它们跨洲越洋，不但时间长，而且风险大。欧洲很早就诞生了海洋金融。海洋经济属于资本密集型经济，样样都要用钱，成败又事关国运，纯粹靠市场不能解决问题。所以，从西班牙国王资助哥伦布开始，海洋金融又增添了浓厚的官方色彩。

今天，专注于将海洋科技转化成生产力的金融事业不算很多，还无法与信息行业相比，但已经有了很好的开端。

20世纪50年代，日本政府成立政策性银行，向本国造船业倾斜，让日本一度成为世界造船王国；挪威有银行也为本国的造船和航运业提供优惠贷款，实现小型商业银行无法实现的功能。

新加坡四面环海，无海不能立国，所以新加坡很早就成立海事技术革新基金、海事信息发展基金，任务就是把高科技转化成海洋经济。甚至发展中国家也是如此。肯尼亚有个沿海开发项目，就是由政府向世界银行贷款搞起来的。

世界上有不少海洋经济中心城市，当地有大量的海洋金融资本。伦敦、奥斯陆、休斯敦等地都是海洋金融的重点城市。尤其是欧洲人，因为靠大航海起家，所以他们高度重视海洋经济，欧洲银行在国际海洋金融中占据六成以上份额。

中国的现代海洋经济起步很晚，但是发展很快。海洋金融风险很大、资金密集，多数私人企业缺乏实力，所以国家要起主导作用。中国银行在这个领域世界排名第三，而且国家已经成立了中国海洋发展基金会和中国海洋战略产业投资基金。

上海、深圳和天津都在打造“全球海洋中心城市”，并且将金融作为基础。深圳就建成了前海国际船艇交易中心，上海海洋大学还开设了金融学专业。

海洋金融的专业性非常强，不懂海洋科技就无法在这个领域立足。海洋金融也长期支持这个领域的高新科技实践，比如潮汐能电站至今没有明显的赢利，全靠金融业支撑。

现在，海洋金融还是陆地金融的附属品。将来，中国会出现专业的海洋银行、海洋保险公司等，一些风险投资公司也会向海洋倾斜。在中国，农业、地产、重型机械、造纸、电子商务等领域都出现过首富，未来的中国首富可能出现在海洋领域。

03 海上科学院

1986年笔者参加完高考，和全班同学一起听班主任公布录取结果，有位女同学考入厦门水产学院，引起同学们的一阵讪笑。听上去，考入这个学院就像发配到了边疆。

在今天，海洋科学的地位也好不了太多。在整个学科划分上，海洋科学是二级学科，划在地球科学之下。

在2019年到2020年全国高校排行榜上，中国海洋大学位列第46名，算是“世界高水平大学”；上海海洋大学排到188位，算是“中国高水平大学”；其他海洋大学都排在200位以后，勉强算成“区域高水平大学”。

然而，当未来的海洋社区建成后，情况可能会发生变化。在超大型浮体或者海上浮城中会诞生海洋科学院，一批批在海洋上出生、在海洋上长大的青年人会考入这些院校。在那里，海洋研究会成为重大课题，很有可能是最重大的课题，因为那就是在研究他们生存的世界。

变化可能会一步步发生。最初的海洋社区以生产和科研为主，但是密集着大量海洋学人才。另外，还有一些航天器测控、地球物理等方面的专家，也都要基于海洋开始他们的研究。

当海洋科研资料积累到一定程度时，会对某些基础科学理论产生影响，比如生命的诞生、地球板块运动等。海洋在科研价值上变得更加重要。

大量的海洋科研装备常年运行于海上，最初它们要把信息发送回陆地，由陆地上的科研机构来分析。慢慢地，一些综合性海洋研究机构会建在海洋上，形成海洋学院的初步形态。

随着海洋经济在人类整体经济中的地位不断提升，并且其高度依赖技术进步，海洋领域工程技术人员在整个科技工作者中的比重也会上升，他们会扩大本学科的话语权。

海洋是海洋科学实践的前线。海洋专业的人最初在陆地上接受教育，但是在海上完成实习。再往后，随着超大型浮体和海上浮城的建立，完整的海洋社区开始形成，个别海洋学院会将某个学科常年设置在海上。再往后，海洋社区会有自己的基础教育机构，很多在海上成长的青少年不再到陆地上求学，而直接选择身边的海洋学院。而陆地上成长的青少年也会报考海上大学。

最后，我们会看到真正的海洋大学——一些完全建立在大洋深处，随着浮城到处移动的大学。研究海洋是海洋科学的出发点，而从一开始海洋科学就从海洋角度研究陆地、研究地球。这就是全新的海洋科学。

04　海洋乐园

旅游业是近几十年间发展最快的行业之一，海洋旅游又是其中的重点。如果将以滨海社区、海岛和邮轮为目标的旅游也算进去，海洋旅游已经占据全球旅游业的半壁江山。而在一些沿海发达国家，海洋旅游能占据整个旅游业三分之二的份额。

以海洋为旅游目标，并非只要有良好的海滨地形就可以，更需要建设现代化旅游设施。海南岛在这方面是个典型案例，它曾经是边防前线，虽有沙滩碧海，却不能进行旅游开发。直到20世纪80年代以后，当地才大规模开发旅游资源。

海南岛三亚市有一座蜈支洲岛，以前是军事用地，岛上战备工事纵横交错。从20世纪90年代开始，这里改建旅游度假区，如今已成为5A级景区，是著名的网红打卡地。

马尔代夫更是海洋旅游业的标志。20世纪70年代以前，那里还是无人关注的珊瑚岛群。从1972年开始，该国政府向国际社会开放旅游资源，吸引旅游公司来共同建设。那一年，只有1 100人到该国旅游。现在，正常年份都会有100多万人次到该国旅游，而马尔代夫整个国家才50多万人。马尔代夫成为建立在海洋旅游业上的国家。

海滨旅游对科技的要求也很高，除了旅游设施要有科技水平，易受到风暴潮和海啸影响的旅游区更需要有高科技预警。2004年印度洋大海啸中，瑞典的国民死亡比例超过大部分印度洋沿岸国家，因为瑞典人喜欢在那个季节南下旅游，结果共有3 000多人死亡和失踪。当时受海啸冲击最大的，恰恰是趋海而建的度假设施。

随着船舶技术的提升，邮轮旅游也在迅速发展。由于邮轮体量巨大，可以容纳数千旅客，还拥有剧场等各种娱乐设施，邮轮本身就是旅游目标。很多人购买船票，只是为了享受乘坐邮轮的过程。

巨型邮轮不光在装修上下功夫，其本身也有极高的技术含量。这些大家伙往往超过“福特号”航母，但是高度自动化，仅需两个人就能驾驶。巨型邮轮没有锚，而是靠水力喷射发动机，并通过GPS定位来维持船体状态。

虽然新冠肺炎疫情给邮轮经济以沉重打击，但也会促进它进一步提升技术，最重要的就是改造中央空调，增加过滤或者杀死病毒的功能。

展望将来，“自由之舟”可能是邮轮经济的一座高峰。这座设计中的巨轮长达1 317米，宽225米，高107米，拥有33 000套客房，光是游客就能住5万人，再加上工作人员，人口数量已经相当于一座小型城市，接近超大型浮体的概念。

当然，“自由之舟”的造价也很高，约需要100亿美元，几乎相当于一个航母编队的建造费用。由于门槛太高，现在还没人正式投资。但是随着有生活积蓄的人越来越多，类似的超大型邮轮将会泛舟大洋。人们也不再只是上船住几天，而是租住房间，长年生活。

05 海洋奥运会

2008年的奥运会在哪里举办的？

这可不是一道送分题。除了北京，还有5个城市承办了该届奥运会某个或某几个项目的比赛。其中帆船比赛就设在青岛，那里也是该届奥运会唯一的海洋赛场。

现代体育发展至今，需要在海上进行的项目越来越多，长距离游泳就是一项。在著名的铁人三项中，要求运动员游4千米。由于要和跑步、自行车衔接，游泳场地通常设在河流或者海洋上。

除了正规比赛，还有人在海洋上进行极限游泳。2018年，英国人罗斯·埃德用74天游了1 600千米！这期间他只在救生船上休息，每天游6个小时。

中国铁人三项运动协会主席张健以横渡海峡著名，他曾经横渡过琼州海峡和英吉利海峡。花50多个小时横渡渤海海峡后，张健创造了男子横渡海峡最长距离的世界纪录。

今天，人们在旅游景点可以由专业人员协助体验浮潜，其实潜水也是一类竞技体育项目。2019年，中国潜水运动员陆文婕首次参加自由潜水世界锦标赛就拿了6块金牌。她还创造过静态闭气女子国家纪录，时间是惊人的8分1秒！

冲浪必须有海浪，只能在海面上进行。冲浪比赛不仅有我们熟悉的技巧项目，还有耐力项目。1986年，两名法国运动员居然依靠冲浪板横渡了大西洋。国际奥林匹克委员会已经将冲浪列为2024年巴黎奥运会的正式比赛项目。

帆船作为古老的航具，现在主要被用于体育活动。1900年举办的第二届奥运会就有帆船比赛，包括龙骨船等各种船型。摩托艇虽然诞生时间不长，但其发展很快，尤其发展出了很多比赛项目。早在1903年，美国就产生了动力艇协会来组织比赛。1981年，中国也加入了国际摩托艇联合会，并且在摩托艇世界锦标赛中拿过3次亚军。

相对于陆地上的比赛，海上比赛还比较冷门，而且略显高端，其中的大部分没有成为奥运会的正规赛事。不过，奥运会比赛项目也在不断变化，当海洋竞技条件优化后，海上体育将会出现越来越多的项目。甚至，跳水、水球之类的项目也可以在海上进行。

最终，我们会期待出现规模不亚于陆地奥运会的另一个体育盛会，那就是海洋奥运会。未来甚至会出现以体育为主题的大型比赛专用浮城，内设各种场馆，配备港口和停机坪，方便游客与运动员往来。

随着技术进步，海洋竞技还会从海面发展到深海。当深海飞机技术成熟后，这种易于竞速的交通工具也会被用于比赛。如果在洋底复杂地形上举行比赛，还会成为大洋深处的“巴黎—达喀尔汽车拉力赛”——一种以路途的惊险和艰苦为特征的长距离赛事。

06 海上的法律

国产电影《动物世界》将背景置于公海的轮船上，在那里，人们参加以命相搏的游戏。在电影《金蝉脱壳》里，背景是公海上的一所黑监狱。电影《摘金奇缘》中，富人们在公海上搞聚会，甚至可以发射火箭弹来助兴。

公海在人们心目中仿佛就是无法无天之地。国外甚至有人设计出“海洋宅地计划”，要在公海上建立漂浮定居点，里边的居民可以逃避各国法律，成为各国逃犯的天堂。

1967年，英国人贝茨带着亲信占领了距离英国本土10千米远的一座废弃人工堡垒，声称建立“西兰公国”。后来，欧洲有人出售“西兰公国”护照，据称发行了15万本，购买者不乏谋杀罪的通缉犯。虽然没有任何国家承认“西兰公国”，但此地的存在确实引发了不少法律问题。

随着人类向大海进军，海上的经济活动和社会活动会大量增加，公海也不再会成为法外之地。

在国家层面，海洋上最大的法律当属《联合国海洋法公约》。1962年，一场差点爆发的“龙虾战争”促使了该公约的制定。当年，法国渔船到巴西大陆架海域捕捞龙虾，巴西则申明“100海里专属经济区”的概念，并予以抵制。双方不断派更多的军舰进行对峙，最严重的时候，法国派出航母，巴西则准备攻击法属圭亚那。

战争没打起来，但引发各国重视海洋资源的立法问题。在这之前，人类对海洋资源的开发有限，海洋领域的公约主要针对军事安全，要把他国船只限制在舰炮射程之外。《联合国海洋法公约》则对内水、领海、临界海域、大陆架、专属经济区和公海都作了界定，是人类在海洋上的根本大法。中国也是该公约的签约国。

国际海底管理局根据该公约设立，办公地点在牙买加，专门处理深海矿产的申请和区划。中国以最大投资国的身份，加入该局的B组。从那时起，该局已经给中国划拨了5个专属勘探区，分布在太平洋和印度洋，总面积达23万平方千米。中国是全球获得专属勘探区面积最大的国家。

这些都还是针对政府行为的国际法。在打击犯罪方面，《联合国海洋法公约》规定，任何国家都可以对从事海盗、贩奴或贩毒的船只进行扣押，对犯罪人员进行逮捕。也就是说，公海上的犯罪行为不是没人能管，而是人人可管，只不过对于一些发展中国家来说，由于缺乏执法能力，无法管理本国附近的公海。

最典型的地方就是索马里，由于该国常年处于无政府状态，治理不了以本国为基地的海盗。世界上，包括中国在内的许多国家都在索马里附近的公海上驻留海军，搜捕海盗，也正是依据了《联合国海洋法公约》。

船舶在公海上只服从国际法和船旗国的法律。以前船舶体量小，续航能力低，基本是海上过客，这一点还不重要。今后会出现体量巨大并且常驻公海的浮城，成千上万的人居住在上面，会出现复杂的法律问题，船旗国管辖原则会更为重要。

07 缅怀海洋的过去

以中国东南沿海为中心，全球45个国家和地区共有3亿多人信仰妈祖，总共建成有上万座妈祖庙。他们所敬仰的对象并非一个神，而是真实存在过的人。在这位名叫林默的历史人物身上，记录着人类闯荡海洋的历史。正是这段历史运载着妈祖文明，扩散到世界各地。

妈祖并非因战争和征服而成名，她的全部功绩便是救助海难船员。1980年，联合国还把林默命名为“和平女神”。这种信仰突出了海洋文化鲜为人知的一面。茫茫大洋上，人与大自然的搏斗成为主旋律，至于人与人之间，更多的是互相关心、互相帮助。

节日是文化的重要组成部分。每逢节假日，相关的旅游、会展、演出等文化活动就会集中进行。要建设海洋文化，节日也是一类重要的载体。在妈祖诞辰日和逝世日，人们会聚集起来，间接纪念人类航海的历史。现在，人类有了更多的海洋节日，来纪念我们与“蓝半球”的结合。

2005年，我国将每年的7月11日确立为“中国航海日”，用来纪念1405年郑和船队第一次下西洋。每年6月，浙江岱山还会承办中国海洋文化节，举办为期一个月的活动。

在美国，每年的5月22日是“国家航海节”，以纪念1819年美国蒸汽机船“萨瓦那号”在这一天出发前往大西洋。这是机械动力船第一次成功横渡大西洋。

四面环海的日本，在1996年确定了自己的海洋日。几经变化，现在定为每年7月的第三个星期一。每年的这一天，日本都要举办大规模的海产交易会。除此之外，西班牙、印度、英国等都有自己的航海节日。

世界上最重要的海洋节日，莫过于“世界海洋日”。不过它被确定下来的时间很晚，直到2009年，第63届联合国大会才把每年的6月8日定为“世界海洋日”。这似乎也符合人类“先陆后海”的文明发展顺序。

每到这一天，联合国便会组织各成员国宣传人类与海洋的关系，既指出海洋是机遇和挑战，又指出人类对海洋的责任。2010年，我国把“海洋宣传日”与“世界海洋日”合并，年年举办庆祝和宣传活动。

另外一个与海有关的节日是每年的3月17日，称为“世界海事日”。这一天是《国际海事组织公约》的生效日。1958年3月17日该公约正式生效，海洋自此有了真正的法典。

由于人类主体仍然生活在陆地上，海洋经济占比也不高，这些海洋节日多半会搞成商业交易会或者宣传日。当代还没有哪个重大海洋事件像妈祖那样因为被人们自发纪念而成为节日的。但是，随着人类逐渐深入海洋，相信这天的到来不会太晚。

08 书写海洋的今天

中国海洋大学是国内海洋科技的最高学府，它还有一个专业出版社。2016年，中国海洋出版社邀请笔者参加了一次会议，主题既不是海洋科技，也不是海洋科普，而是海洋文化。与会者除了来自出版社所在地青岛，还有来自大连等海洋城市的，既有登陆南北极点的科学家，也有电视台的著名编导。

后来笔者才知道，这家出版社力推海洋文化，还出版过一套《中国海洋文化史长编》，收录有从先秦到近代的各种海洋文化作品。可惜，在以陆地文化为主导的现在，只有几个沿海城市专注于海洋文化。

在中国，有些作家已经开始书写海洋。与书写陆地的作家相比，他们一开始就与科技相结合，因为人与海的历史，就是一部科技发展史。

青岛作家许晨是国内海洋文学的扛鼎者，以海洋三部曲著称，分别是《第四极——中国“蛟龙号”挑战深海》《一个男人的海洋》和《耕海探洋》。他曾经登上“科学号”考察船前往西太平洋深处，在海洋科研第一线体验生活。他的作品获过鲁迅文学奖和冰心散文奖，海洋文学从此攀上中国文学的最高奖项。通过许晨之笔，人们了解到当代航海家郭川的全球冒险之旅，了解到海洋科学家严谨求实、团结协作、拼搏奉献的精神世界。

张静也是青岛作家，长期工作在海洋科考第一线。她创作的长篇小说《眷恋蓝土》，背景从20世纪50年代到20世纪末，描写了三代海洋科研人员深耕蓝色领土的业绩。张静还是一位以海洋题材见长的科幻作家。

海南儿童文学研究会会长赵长发也是海洋文学的耕耘者，重点创作海洋童话。2011年，他在广东参加“南国书香节”，发现市场上几乎找不到能推荐给孩子的海洋题材作品，便决定亲力亲为。他通过《海鬣蜥安迪》《椰子蟹侦探》和《回家吧！海鸥》等作品力图向孩子们传达海洋保护意识，让下一代能用生态眼光看待海洋。

赵长发已经出版有16部海洋童话，被称为“中国海洋童话第一人”。来自山东的主流作家张炜也创作过不少海洋童话，受到读者好评。

岱山是浙江省一个海岛县，2010年创办了“岱山杯”全国海洋文学大赛，一直坚持到今天，成为海洋文学界最出名的奖项。威海、青岛、大连等地，也举行过类似的海洋文学活动。

如今，大力推广海洋文学的都是滨海城市，但还没有哪部海洋文学作品成为畅销书。除了许晨的《第四极——中国“蛟龙号”挑战深海》获得了鲁迅文学奖，其他文学作品还没有获得过全国大奖。这与中国海洋科技和海洋经济蓬勃发展的现状并不相符。当然，问题就是增长点，中国缺乏海洋文学，它也可能就是下一个创作热点。

09 畅想海洋的未来

2002年，笔者拜访青岛作家张静老师，获赠一本科幻小说《寻父探险记》。拿回家后，4岁的儿子如获至宝，翻来覆去读了很多遍。

这是一本海洋题材的科幻作品，描写了高中女生澎澎如何寻找身为海洋科学家的父亲。或许是由于海洋始终戴着神秘面纱，科幻中的海洋题材多于现实文学。

海洋科幻的源头要追溯到凡尔纳的《海底两万里》，崭新的海底世界第一次呈现在读者面前。主人公尼摩船长建造的“鹦鹉螺号”潜艇，不仅是一艘航行工具，更是完整的深海资源加工厂。

在开发海洋方面，别利亚耶夫的《种海人》也值得一提。小说的主要人物在浅海区建立海下住宅，种植海藻。在开发海底资源的细节上，这部小说更接近当时的技术条件，甚至引用了同时代的海洋开发数据。

国外科幻电影更是钟爱海洋。1977年，邦德系列电影就推出了《007：海底城》，让航运巨头史登堡成为大反派。他在电影里有句台词，“地球表面还有十分之七没有被探索，人类却想着去探索太空”，充分点出了开发海洋的重要意义。

卡梅隆于20世纪80年代末期拍摄的《深渊》，把视线集中到深海，将核潜艇、石油勘测船和潜水器之类的海洋利器带到人们眼前。影片突出体现了深海环境的特点——狭小、与世隔绝、高水压、随时走在生命的边缘。电影《深海圆疑》也是深海题材的代表，改编自克莱顿的同名科幻小说。影片的大部分情节发生在深海。电影还用一本《海底两万里》作道具，向凡尔纳这位海洋科幻的开山祖师致敬。在电影《极度深寒》里，大王乌贼被虚构成邮轮般大小的海怪，拥有数不清的吸管和狰狞的巨眼。虽然它凶恶无比，但完全符合大王乌贼的生理特征。至于前几年上映的根据漫画改编而来的电影《海王》，可谓集海洋文化之大成，拍成了深海里的《星球大战》。

畅想神秘海洋文明的科幻作品也有很多。美国作家迪克森在《海豚之路》中，让人类学习海豚的生活方式，从而理解海豚的语言。苏联作家甘梭夫斯基在《海港之魔》中，描写了一种海底怪物，它由一种细小的海洋动物聚合而成庞大的身躯，连鲨鱼也不是它的对手。

中国主流作家不擅长写海洋，但是主流的科幻作家却并非如此。香港作家黄易写过《浮沉之主》，倪匡也在卫斯理系列中写过很多海洋题材的故事。风保臣在《深海恐光》中描写了800万年前的森林古猿进入海洋，演变成海猿，从此形成了深海文明。在《海底寻亲》中，赵丹涯想象海猿在几十万年前就发展出文明，依靠温差发电等技术满足基本生活需要。阮帆在长篇科幻小说《暗流汹涌》里，更是把海底人设想为进化的水母。

此外，中国科幻作家还创作有《海底捕猎》《海底记忆》《惊涛骇浪》《西北航线》等作品。海洋的未来还会在科幻世界里继续书写下去。

10 “海人”的文明

笔者对海洋最初的兴趣来自三叔——一名远洋货轮上的海员。想当年，外国人还被称作“外宾”，出现在中国城市的街道上时会被围观。那时三叔就经常随船远洋，一去几个月到半年，回来后就给我讲各国见闻。

除了他讲的故事，我更能感受到三叔那种包容的性格。这让我有种直觉：在海上生活的人，比我们这些待在一亩三分地上的陆地人，视野更开阔，心胸更宽广。

名著《海底两万里》中，尼摩船长讲了一句话：“地球上需要的不是什么新大陆，而是新人！”这句话画龙点睛，却一直被人们所忽视。凡尔纳是想描写一种完全不同于陆地上的文化特质。那时的欧洲刚从小农社会向现代工业文明转化，在传统文化的影响下，大部分人视野狭隘。尼摩船长也正是因为反抗殖民统治才弃陆入海，并且在海洋里支持弱小民族的独立战争。

越来越多的人把命运与海洋联系在一起，一种全新的文明将在海岸线上甚至大洋深处诞生。他们首先是尊重科学的群体。在每个时代，航海都集中了当时最先进的科技成果，很多海洋工作岗位完全是技术进步的结果。

终日置身大洋之上的海员，他们心胸宽广，思维开阔，与守在土地上的人完全不同。他们见多识广，观察世界时更客观。

海洋生产力从一开始就高于陆地，当海洋科技登上新台阶后，这种差距会越发明显。仓廪实而知礼节，海员群体中将培养出更高道德水平的人，他们将最好的发展路径定位于进取，而不是争夺。

因为要与不同人群打交道，海员是最早意识到全球化到来的群体。茫茫大洋上，人与人的区别会变得很小，大家会由衷地感觉到人类是一个群体。遇到海难时，任何国家的船只都会展开救援。在一个个港口上，海员们频繁接触异域文明，养成了尊重和包容的习惯。此外，海员身上具有的冒险性和主动性，也是小农社区的居民所不具备的。

海洋将是和平的基础。确实，人类对陆地的争夺也蔓延到了海洋，全球有380多处有争议海域，但主要位于陆地周边海域。由于目前大部分海洋收益都从这里产生，所以人们对它们的争夺会十分激烈。然而，当公海经济、区域经济成为主导，各国都可以参股进行公海资源开发时，近海资源的争夺就会下降，合作共赢将从一开始就是公海资源开发的基调。

一个世纪后，一代新人将从海洋中诞生，陆地会变得前所未有地狭小。太空时代开启之前，人类会首先进入海洋时代。